Maria Rossbauer

Großstadt-Bäuerin

Mein Vater, sein Land und ich

Rowohlt Taschenbuch Verlag

Originalausgabe
Veröffentlicht im Rowohlt Taschenbuch Verlag,
Hamburg, Juni 2022
Copyright © 2022 by Rowohlt Verlag GmbH, Hamburg
Covergestaltung zero-media.net, München
Coverabbildung Thomas Dashuber
Satz aus der Thesis
Druck und Bindung GGP Media GmbH, Pößneck, Germany
ISBN 978-3-499-00738-5

Die Rowohlt Verlage haben sich zu einer nachhaltigen Buchproduktion
verpflichtet. Gemeinsam mit unseren Partnern und Lieferanten setzen
wir uns für eine klimaneutrale Buchproduktion ein, die den Erwerb von
Klimazertifikaten zur Kompensation des CO_2-Ausstoßes einschließt.
www.klimaneutralerverlag.de

Inhalt

Mein Papa und ich, meine Geschwister Johanna, Wolfgang, Elli, meine Mama und der Georg – wir alle sind real, genauso wie unser Hof in Niederbayern. Doch um uns und andere zu schützen und auch, um einige Begebenheiten ein wenig unterhaltsamer zu erzählen, habe ich manche Namen, Szenarien und andere Details geändert. Dieses Buch erhebt also keinen hundertprozentigen Faktizitätsanspruch.

Der Anruf

«Wie lang machst du heut?», schallte es aus der Küche, und hinter mir rumste es. Moritz stand auf der Fensterbank. «Müllabfuhr, Müllabfuhr!», quietschte er voller Glück und trommelte gegen die Scheibe. Ich schmiss den Schuh weg, in den ich Lise gerade quetschen wollte, sprang vom Boden auf und rannte zum Fenster.

«Runter da, aber flott!», schimpfte ich und hob Moritz auf den Fußboden.

«Was meinst, was passiert, wenn du da runterfällst?»

Einen Moment überlegte ich, ob ich ihm erklären sollte, dass der Fenstergriff locker ist und ich nicht wollte, dass er die Kindersicherung knackt und dann aus dem Fenster auf die Straße fällt, weil so ein Sturz aus dem zweiten Stock sich ungünstig auf sein weiteres Leben auswirken würde. Aber da schaute er mich traurig an, und ich beschloss, ihm nicht schon in der Früh Angst zu machen.

«Da tust du dir gscheid weh», sagte ich also bloß.

«Ich mein, ich kann die Kinder schon holen», hörte ich da meinen Mann wieder durch die Wohnung rufen.

«Was?»

«Wie du heute arbeitest, wollt ich wissen.»

Hannes kam mit einer Brotbox und zwei Trinkflaschen aus der Küche und stopfte alles in verschiedene Kinderrucksäcke, die aufgereiht an den Griffen der blauen Kommode im Flur hingen.

«Staubsauger?» Josef donnerte mit der flachen Hand gegen den Metallschrank. Aaah, laut! Ich verzog das Gesicht, wandte mich schnell wieder von meinem Mann ab, balancierte zwischen dem betrübt dreinschauenden Moritz, zwei Kinderbetten, einem Bagger und einem Puppenbuggy hindurch zum Putzschrank, drehte Josef um und schob ihn durch den Gang bis vor die Wohnungstür, wo seine Schwester immer noch saß.

«Jetzt nix Staubsauger», sagte ich, «jetzt ab in die Kita!»

Ich ließ mich wieder auf den Boden vor der Wohnungstür fallen und suchte Lises Schuhe.

«Ja, das wär super, ich hab um halb drei noch ein Interview», sagte ich zu Hannes und gleich danach: «Moritz, los jetzt, komm du auch zum Anziehen. Abflug!»

Moritz bewegte sich natürlich keinen Millimeter, ich stand also wieder auf, trug ihn in den Flur, und dann saßen wir endlich alle fünf vor der Tür. Die Erwachsenen auf Knien zogen Schuhe über Füße und Mützen über Köpfe, die Kinder hauten eines nach dem anderen wieder ab, trampelten mit den Winterstiefeln über den Dielenboden ins Schlafzimmer, versteckten sich im Wäschekorb, wurden wieder eingefangen, mit Handschuhen und Jacken bestückt und schließlich ins Treppenhaus geschoben.

Ich haute auf den Lichtschalter, es wurde beige-gelb-hell. Moritz hielt sich am Geländer fest und hüpfte wie ein Frosch im Trainingslager Stufe für Stufe herab, Lise rumpelte an mir vorbei das Treppenhaus hinunter – «Leise, hier schlafen noch Leute!» –, Josef auf meinem Arm versuchte mir grinsend seinen Schnuller in den Mund zu stopfen.

Da klingelte mein Handy.

«Das ist vielleicht die Arbeit», sagte ich erklärend in die Runde und setzte Josef auf eine Stufe. Ich zog das Handy aus meiner Jackentasche.

Auf dem Display sah ich die Nummer, die sich nicht verändert hatte, seit ich ein kleines Kind war.

«Ah nein, es ist die Oma», rief ich und drückte den grünen Knopf.

«Haaaaallo, Oooooma!», schrie Moritz ins Telefon.

«Mama», versuchte ich ihn zu übertönen, «wir gehn grad aus dem Haus, ich ruf gleich zurück, ja?»

«Hier ist der Opa.»

«Ah, Papa, hallo!»

Für eine Sekunde rührte ich mich nicht. Mein Papa rief selten einfach so an und schon gar nicht morgens um Viertel nach acht.

«Alles okay?», fragte ich.

«Ich wollt mal was mit dir besprechen.»

«Ah», sagte ich. «Wir verschiffen grad die Kinder in die Kitas, ich ruf dich gleich zurück, ja?»

«Ist gut», sagte er. «Pfiat di.»

Dann legte er wieder auf.

«Mein Papa will was besprechen», sagte ich zu Hannes, der jetzt ein paar Stufen über mir die Wohnungtür absperrte.

«Aha», sagte er, und es klang wie: «Besprich, was du willst, aber jetzt schiebst du mal die Kinder weiter durchs Treppenhaus, ich hab 'nen Termin.»

Ich schob also die Kinder weiter durchs Treppenhaus, Hannes setzte die Jungs einen nach dem anderen in den Zwillingsbuggy, friemelte diesen dann millimetergenau durch die schmale Haustür und holperte die vier Stufen auf den Gehsteig hinunter. Lise und ich hüpften hinterher und bogen draußen zu ihrem Fahrrad ab.

Fünfzehn Minuten später hatten wir alle Kinder erfolgreich in ihren Kitas abgegeben, und ich lief die Straße zurück in Richtung U-Bahn.

Was könnte mein Papa nur besprechen wollen? Der nächste Besuch stand noch nicht an. Vielleicht würden wir es Weihnachten schaffen, aber so richtig klar war das noch nicht. Und die Geschenkplanung war nicht gerade sein Aufgabengebiet.

Ich schaute auf mein Handy. Bis zu meiner ersten Konferenz heute hatte ich noch eine Stunde Zeit. Also lief ich über die Straße in den Gemüseladen mit den blauen Vordächern, kaufte mir einen Kaffee und setzte mich auf die Holzbank vor der Tür. Dann rief ich meinen Papa zurück.

«Na», sagte ich. «Was gibts?»

«Hast jetzt grad Zeit?», fragte er.

«Ja», sagte ich und trank einen Schluck aus dem Pappbecher. «Die Kinder sind alle erfolgreich verbracht, und ich sitz mit Kaffee in der Hamburger Sonne. Gut, Sonne is übertrieben. Eisiger Herbstwind und graue Wolken triffts eher, aber ich halts grad noch aus. Also ja, geht.»

«Gut», sagte er. «Weil, ich wollt da mal was mit dir besprechen. Mit euch alle. Es is so …»

Kurz suchte mein Vater nach den richtigen Worten. Ein paar Sekunden hörte ich nichts. Dann fand er sie.

«Ich bin jetzt einundachtzig, und ich will ein paar Dinge regeln, solange ich sie noch selber regeln kann. Drum hab ich mir was überlegt. Des heißt, ich will jetzt den Hof übergeben.»

«Den Hof übergeben? Wem denn?»

Er formte ein lang gezogenes «Oiso», wie immer, wenn er zu einer längeren Ausführung ansetzt – und dann erzählte er. Von Erbmassen und Bodenrichtwerten, von dem, was wer von meinen drei Geschwistern schon bekommen hatte oder noch bekommen sollte, von vielen, vielen Berechnungen und Überlegungen, und ich fragte mich, wie er sich die ganze Zeit so existenzielle Gedanken hatte machen können, ohne dass ich was davon gemerkt hatte. Das Ganze war ihm offensichtlich schon eine Weile durch den Kopf gegangen. Und jetzt musste es raus.

Kurz zusammengefasst war sein Plan: Er wollte im nächsten Jahr die Landwirtschaft übergeben. Und weil es seinen Berechnungen nach am fairsten war, sollte der größte Teil von seinem Land, von den Feldern, dem Wald und den Wiesen an mich gehen.

Daniil, der Besitzer des Ladens, kam heraus und sperrte den weißen VW-Bus auf, der direkt vor mir auf der Straße geparkt war. Er öffnete die hintere Ladetür, hob eine grüne Plastikkiste heraus und trug sie in das Geschäft.

Das Land will er übergeben, der Papa.

Dann bin ich Wiesenbesitzerin. Und Feld- und Waldbesitzerin.

Schon komisch, mein gesamter Hamburger Freundeskreis schien in den vergangenen Monaten nichts anderes getan zu haben, als genau so etwas zu suchen. Ständig schaute sich einer eine kleine Hütte irgendwo im Wald an oder einen Schrebergarten oder eine Obstwiese, um sich dann am Wochenende, weit weg vom Trubel der Stadt, auf seine eigenen Holzstühle in den eigenen Garten setzen zu können und auf die eigenen Bäume und in die eigene Luft schauen zu können. Um immer einen Fluchtort zu haben, sollte wieder mal eine Pandemie die Menschen von den öffentlichen Spielplätzen und aus den Schwimmbädern und Kinos verbannen. Um jederzeit aus der viel zu kleinen Wohnung abhauen und sich in sein kleines idyllisches Nest verkriechen zu können, in sein anderes Leben.

Ein kleines Stück Land nur für sich zu haben – genau das schien gerade für Großstädter das größte Glück zu sein.

Für Großstädter wie mich.

Ich hab mir nämlich auch schon Waldstücke und Hütten im

Hamburger Umland angeschaut, um am Wochenende besser abhauen zu können.

Ich tickte scheinbar schon genauso. Das war zwar kein Wunder, schließlich lebte ich nun schon mehr als die Hälfte meines Lebens in großen Städten. Zehn Jahre lang war ich in München gewesen, sieben in Berlin und seit sechs Jahren leben wir jetzt in Hamburg. Meine Kinder sind alle drei hier geboren, Lise vor vier Jahren, Moritz und Josef vor zwei. Wir wohnen mitten in der Stadt, 4,5 Zimmer, Küche, Bad, kein Balkon, keine einzige Pflanze. In die Arbeit fahre ich mit der U-Bahn, an den Nachmittagen laufe ich mit den Kindern im Buggy oder auf Rädern durchs Viertel zu irgendeinem Spielplatz, auf dem ich dann mit den anderen Eimsbütteler Eltern am Rand vom Sandkasten sitze und Reiswaffeln und Obstriegel aushändige.

Tiere schaut man sich hier im Tierpark Hagenbeck an. Und immer, wenn wir das machen, fühle ich mich irgendwie zerrissen. Ich liebe die Tiere da, aber hinter einem Zaun auf Lebewesen schauen, als wären sie Kunstwerke im Museum? Ich bin doch mit Tieren aufgewachsen! Auf unserem Hof in Niederbayern gab es Hühner und Katzen und eine Ziege, und Bulldogs und Schubkarren und Obstbäume und im Vergleich zu dem, wie ich heute lebe, sehr, sehr viel Platz. Ich bin ein Landkind.

«... des nächste Mal dann, wenn ihr wieder da seids», hörte ich plötzlich meinen Vater wieder reden.

«Oh tschuldige, was hast du gsagt?»

«Die Pläne und des ois zeig ich dir dann, wenn ihr an Weihnachten kommts.»

«Ja, okay», sagte ich, und dann waren wir einen Moment lang still.

«Du ich muss jetzt weida. Telefonier ma die Tage noch mal, oder?»

«Is recht», sagte mein Papa. «Oiso dann.»

«Oiso dann. Pfiat di.»

Ich legte auf und schaute hoch über die Balkone und Fassaden hinweg in den grauen Himmel. Und fragte mich etwas, das sich in letzter Zeit öfter in meinen Kopf geschlichen hatte: Wie bin ich eigentlich hier gelandet?

Vielleicht bin ich einfach hängen geblieben in diesen Städten. Wenn man halt Neurobiologie studiert und danach eine Ausbildung zur Redakteurin macht, ist schon klar, dass es passende Jobs vor allem an Orten mit großen Medienhäusern gibt.

Aber manchmal fühle ich mich da verloren. Wenn das bisschen Himmel über den hohen Häusern auch noch grau ist, wie soll man da erkennen, wo Süden ist? Dann hab ich das Gefühl, diese grauen Wolken setzen sich auf meinen Kopf, und ich weiß nicht mehr, wo ich hingehöre. Dann fehlt mir der blaue Himmel von daheim, die Weite und das Land. Dann fehlt mir das Leben, aus dem ich komme.

Ich stand auf, warf meinen Kaffeebecher in einen der roten Mülleimer am Straßenrand und schlich weiter durch den Hamburger Morgen.

Das Land unseres Vaters zu übernehmen – was würde das bedeuten? Für mich, für unser Leben?

Um ehrlich zu sein: keine Ahnung. Mein Vater hatte uns Kinder zwar hin und wieder mit in den Wald genommen, und manchmal durften wir mit auf dem Traktor sitzen, der bei uns in Bayern Bulldog heißt, aber so richtig mitgemacht hatten wir Kinder alle nie. Ich wusste nicht einmal genau, wo unsere Felder und Wiesen lagen.

Der Gedanke war mir plötzlich ganz schön peinlich. Klar, die

Landwirtschaft, das war immer das Ding meines Vaters gewesen. Aber hätten wir uns mehr darum kümmern müssen? Uns mehr interessieren? Wir sind alle in die Welt gegangen, haben studiert, wohnen heute in Städten oder am Rand davon und haben da unsere Leben aufgebaut.

Meine Eltern aber sind immer noch da und machen weiter. Sie kümmern sich um das Land, das seit vielen Jahrzehnten unserer Familie gehört.

Und jetzt sind sie alt.

Mein Vater schwingt sich zwar immer noch auf den Bulldog wie Sascha Hehn in seine Cabrios, er stapelt Strohballen auf die höchsten Wägen und rangiert die größten Maschinen durch die enge Hofeinfahrt. Aber schon rein rechnerisch hatte ich vermutlich nicht mehr so viel Zeit, um von ihm zu lernen, worum es geht. Und um zu verstehen, was das ist, das ihn ausmacht.

Mein Vater wollte nie etwas anderes sein als Bauer. Mit 20 hatte er die Landwirtschaftsschule abgeschlossen, später Agrarwissenschaft studiert und für den bayerischen Staat in der Hopfenforschung gearbeitet. Den Hof, den er von seinem Vater übernommen hat und der wiederum von seinem Vater, den hat er trotzdem immer weitergemacht, vieles davon selbst bewirtschaftet, manches verpachtet. Für meine Familie ist das Land schon lange nicht mehr die Lebensgrundlage. Aber die Landwirtschaft, die Felder, die Wiesen und der Wald, das war immer die große Liebe meines Papas gewesen. Das hat er nie so gesagt, es war uns allen trotzdem klar. Man hat das gesehen. Wenn er mit seinem alten grünen Fendt im Hof drehte und einen großen Wagen anhängte, wenn er damit hinaus auf die Felder fuhr und voll beladen mit Holz oder Getreide zurückkam, dann war er der zufriedenste Mensch, den ich kannte.

Das Land zu verkaufen, das kommt für keinen von uns Geschwistern infrage, da war ich mir sicher.

Mein Vater hat auch, glaub ich, noch nie in seinem Leben das Wort «nachhaltig» in einen Satz aufgenommen, er hat einfach ohne großen ideologischen Vorsatz immer vernünftige Dinge gemacht. Auch das würden wir hinkriegen müssen. Ich würde das müssen. Besitz heißt Verantwortung.

Sich mit diesem Land zu beschäftigen, darum kam ich also ab dem Moment nicht mehr herum.

Ich stand inzwischen an der großen Kreuzung, wo die Autos zweispurig fuhren und die Radfahrer vorbeisausten und Fußgänger zur U-Bahn-Treppe huschten, und wartete darauf, dass die Ampel grün wurde, damit ich mich ebenfalls in das Gewusel stürzen konnte.

Vielleicht, dachte ich, war das aber auch eine Chance. Vielleicht war das meine Chance.

Ich glaube, einer der glücklichsten Momente meines Lebens war, als mich mein Papa einmal von der Schule abgeholt hat. Da war ich sechs oder sieben. Er hatte vor dem großen Pausenhof auf mich gewartet, wir sind Mittagessen gegangen, zum Italiener gegenüber. Ich habe meine eigene Lasagne gekriegt, und danach haben wir einen Ausflug gemacht, nur wir zwei. Wir sind mit dem Schiff auf der Donau entlanggefahren und zu Fuß zurückgelaufen.

Und einmal, ein paar Jahre später, da war mein Papa gerade an der Hüfte operiert worden, und er ging auf Krücken, da hat er mich in den Wald mitgenommen, um neue Bäume zu pflanzen. Mein Papa stand mit seinen Krücken neben mir und hat gesagt, wie ich das Loch graben soll und wie ich die kleinen Bäume in den Boden setzen und dann die Erde festdrücken soll. Ich fühlte mich sehr wichtig.

Was das bedeuten würde, das alles zu bekommen – das war

mir damals eigentlich egal. Das würde ich schon herausfinden.

Ich sah einen Moment wieder dem Großstadtgewusel zu, dann wurde die Ampel grün, ich lief schnell über die Straße und rein in die U-Bahn. Ich fuhr in die Arbeit und telefonierte und schrieb und konferierte. Und am Nachmittag holte ich die Kinder ab und turnte mit ihnen über einen Spielplatz und reichte Reiswaffeln an, und am Abend brachte ich sie ins Bett, und dann ging ich joggen. Am nächsten Tag dasselbe, nur dass ich abends mit Hannes eine Serie schaute oder Essen für uns holte oder mit einem Freund an der Elbe ein Bier trank. Und dann verging noch ein Tag und noch einer, und dann stand ich wieder genau an derselben Kreuzung, und die Ampel war rot, und plötzlich hatte ich eine Idee.

Ich holte mein Handy aus der Tasche und drückte den grünen Knopf.

«Papa», sagte ich. «Könntest du mir das beibringen? Also alles, was du da machst mit der Landwirtschaft. Ich würd mir dafür eine Weile freinehmen im nächsten Jahr. Und wer weiß, vielleicht geht das ja bald öfter, oder ich kann regelmäßig länger da sein. Oder ... Ach, keine Ahnung, aber ich mein, ich weiß halt nicht, was das heißt. Was da auf mich zukommt. Oiso. Kannst du mich als Azubi aufnehmen?»

«Ha», sagte mein Papa. «Ja klar, wenn du meinst. Dann machma des.»

Land in Sicht

Das Land, das einmal mir gehören soll, sieht aus wie eine dicke Quietscheente, die einer auf einem Flickenteppich verloren hat. Zumindest wenn man es sich von der Luft aus anschaut, und das geht mit iBALIS, dem Portal der bayerischen Landwirtschaftsverwaltung. Mein Papa klickte mit der Maus auf die Landkarte, eine türkisfarbene Fläche ploppte auf und viele Zahlen und Buchstaben, DEBYL irgendwas, 5,9 irgendwas, klick, klick, noch mehr Zahlen und Wörter, Betriebsnummer, Feldstückskarte, alles durchzogen von gelben Linien mit kleinen Kreisen drauf. Klick, die Flächen wurden größer und kleiner, neue Zahlen und Buchstaben erschienen, und ich trank noch einen Schluck Kaffee, damit ich nicht einschlief und so den Erklärungen meines Vaters deutlich besser folgen konnte.

Es war kurz vor Weihnachten, Hannes und ich hatten am Tag zuvor die Kinder im Schlafanzug ins Auto getragen und sie über Nacht von Hamburg nach Bayern verfrachtet. Wir waren also entsprechend erschöpft, die drei aber – juhu, juhu – top ausgeruht und voller überdrehter Freude, wieder bei Oma und Opa zu sein.

Durch das große Fenster im Arbeitszimmer meiner Eltern schaute ich ihnen zu, wie sie quietschend über den Hof rannten und der Reihe nach alle Spielzeuge rauszerrten: Garagentor auf, Fahrräder raus, rüber zum Austraglerhaus, wo ganz früher meine Urgroßeltern nach der Hofübergabe gelebt hatten, Tor auf, Tretbulldogs und Kinderschubkarren und Bobbycars raus, Tor zu, rein in die Werkstatt, raus aus der

Werkstatt, rein in den Stadl, Bulldog rauf, Bulldog runter, rum um den Wagen, wieder raus mit Schaufeln und Rechen in den Händen, noch mal in die Garage, Kreide finden und dann auf den Hof, Pflastersteine vollkritzeln.

Der arme müde Hannes kroch langsam hinterher, nahm Sägen weg, schlichtete Schaufelkämpfe und fing herunterfallende Kinder auf. Ich machte kurz das Fenster auf.

«Brauchst du 'nen Kaffee?»

Mein Mann schüttelte den Kopf. Aber er lächelte dabei. Also drehte ich beruhigt den Fenstergriff zu und schaute wieder zu meinem Papa in den Rechner.

«Oiso», sagte er und deutete auf die türkisfarbene Quietscheente, «des is der Mietacker. Des san ungefähr sechs Hektar. Und dann des da, des is jetzt ein Hopfenfeld, vielleicht zwei Hektar. Und dann gibts noch – da – die Wiese unten am Bach und die am Ortsausgang, die ham miteinander fast drei Hektar. Und den Wald bei der alten Hütte, und ...»

«Da, wo ich mal die Bäume gepflanzt hab?»

«Genau. Der ist a ungefähr einen halben Hektar groß. Schau da.»

Mein Vater fuhr mit der Maus um ein gelbes Liniengebilde herum, und ich beugte mich dem Bildschirm entgegen.

«Insgesamt gehts um 14 Hektar Land.»

«Sag amal ...», unterbrach ich ihn. «Die Striche da verlaufen ja mitten durch den Wald. Woher weiß das Programm da denn, wo die Grenzen sind?»

Mein Vater holte Luft und sagte noch mal sein lang gezogenes «Oiso». Und dann erklärte er.

«Da, wo in der Karte die gelben Kreise sind, da stehen auch tatsächliche Grenzsteine in der Landschaft. Das sind Steine aus Granit. Die schaun a bisserl aus wie einzelne Pflastersteine im Waldboden.»

«Und wie kommen diese Pflastersteine da in die Landschaft?»

«Die haben welche vom Vermessungsamt gesetzt, schon vor vielen Jahrzehnten. Und zwar da, wo die Flurgrenzen sind, also, wie die im Grundbuch eingetragen sind. Wenn ein Grundstück neu vermessen wird, werden die neu gesetzt. Im Grundbuch stehen die Flurstücke drin wie Adressen. Nur sind das Nummern. Die vom Vermessungsamt sind dafür zuständig, dass die Flurgrenzen stimmen, damit jeder Bauer eben nur sein eigenes Land bewirtschaftet.»

Ich musste grinsen. Ob es wohl echt Bauern gibt, die heimlich das Feld vom Nachbarn ernten? Ich stellte mir vor, wie mitten in der Nacht einer mit seinem Bulldog angefahren kommt und einen Streifen vom Mais vom Nachbarn abrasiert. Kam mir total absurd vor, aber klar, um das eigene Haus mit Garten zieht halt jeder seinen Maschendrahtzaun, dann ist die Grenze deutlich. Um Felder und Wiesen kannst du das nicht machen. So viel Zaun ist wahrscheinlich unbezahlbar. Und es würde auch recht blöd ausschauen in der Landschaft.

«Hat dir denn mal einer Land abgezwickt?»

«Schon, aber nicht mit Absicht. Vor ein paar Jahren hat ein Nachbar in mein Feld reingeackert. Des passiert halt mal. Das hat mir das Landwirtschaftsamt gemeldet.»

«Ernsthaft?», fragte ich. «Wie ist denen des denn aufgefallen?»

«Die machen alle zwei, drei Jahre Luftaufnahmen von allen landwirtschaftlichen Flächen. Und da haben die das gesehen.»

Mein Papa deutete auf einen grünen Fleck.

«Die Fotos da sind wahrscheinlich letzten April oder Mai gemacht worden. Der Mais da ist noch nicht grün. Und die Spargelfelder da daneben haben noch die weiße Folie drauf.»

Ich beugte mich wieder zum Bildschirm und versuchte

zu sehen, was mein Vater in solchen Landschaftsaufnahmen sieht. Er deutete hierhin und dahin, erzählte von neu gemachten Wegen, von frisch aufgegangenen Maispflanzen und vom Schatten der Fichten, der von Westen in den Osten fiel, und davon, dass es dann also schon nachmittags gewesen sein muss, als die Drohne da mit der Kamera über die Felder geflogen war.

Das waren alles seine, also, nun ja, bald unsere Felder und Wiesen und unser Wald, von denen er erzählte, und ich hätte die meisten davon auf dieser Landkarte nicht mal gefunden. Für mich waren das da im Bildschirm bloß grüne und beige und beige-grüne Flecken.

Ich lehnte mich in den Schreibtischstuhl zurück, nippte vom Kaffee und machte puuuuuuh. Draußen rumpelte Moritz mit dem Tretbulldog gegen die Hausbank, und mein Vater schaute kurz zu ihm raus und mich dann wieder durch seine große runde Brille an.

«Des musst du jetzt aber ned alles glei verstehn. Ich weiß so was, weil ich seit über 60 Jahren Bauer bin.»

«Hmmm.»

«Weißt was, nach dem Mittagessen fahrn wir amal rum, und ich zeig dir alles. Ich muss eh im Wald die Bäume markieren, da kannst mitkommen.»

Das klang nach einem guten Plan. Bestimmt wäre alles nicht mehr so einschüchternd, wenn ich tatsächlich da stehen würde, auf den Feldern, ohne diese Zahlen und Nummern.

Nach dem Essen verpackten wir also die Zwillinge zum Mittagsschlaf und schickten die Lise mit der Oma an die Nähmaschine und den Hannes zur Erholung auf die Hausbank, und dann setzten sich mein Papa und ich in seinen kleinen Elektrosmart.

Er gab Gas und rauschte rückwärts aus der Garage und ab durch die Hofeinfahrt auf die Straße.

Wir fuhren über eine schmale Teerstraße und dann links auf einen Feldweg. Ein paar hundert Meter holperten wir einen Hügel hinab, bis der Weg an einem Fluss zu Ende war. Mein Papa stellte den Motor ab, stieg aus und ich auch.

Hatte ich da drüben, da an der Hecke vor 30 Jahren mal mit einem Rechen Gras zusammengefangen? Oder bin ich hier tatsächlich noch nie gewesen? Ich konnte es nicht genau sagen.

Wir stapften langsam in die Wiese hinein. Er: Gummistiefel, ich: weiße Turnschuhe. Jetzt raten Sie mal, was sich auf dem nassen Gras besser macht. Genau. Und so suppte das kalte Wasser mit jedem Schritt ein Stückchen weiter durch das windige Stöffchen bis zu meinen Zehen durch. Hätte man auch vorher wissen können, dass so eine Wiese hin und wieder nass ist. Ahh, jetzt geht das Wasser schon bis an die Knöchel, ja Mensch.

Wir blieben vor ein paar Bäumen am Wiesenrand stehen, und ich versuchte, so unzerfroren wie möglich zu schauen. Mein Papa deutete auf eine Art matschigen Teich hinter den Bäumen, von dem aus ein kleines Rinnsal einmal quer durch die Wiese verlief, bis hin zu dem Fluss auf der anderen Seite.

«Das hier ist eine Quelle», sagte er. «Da kommt immer Wasser von unten raus und fließt dann den Bachlauf entlang ab. Drum ist die Erde hier auch immer feucht.»

«Ach!», sagte ich, als ob ich das nicht schon selbst gemerkt hätte.

«Das Land hier kann man auf jeden Fall nur als Wiese nutzen. Der Grundwasserstand ist so hoch, da kann man nix anderes anbauen außer Gras. Hier ist auch Überschwemmungsgebiet. Der Fluss da setzt hier alles mindestens einmal im Jahr unter Wasser.»

«Und das hält die Wiese aus?»

«Die Wiese schon, aber Getreide oder Kartoffeln wären danach hin. Oder zumindest wäre dann der Ertrag richtig schlecht. Das Gras erholt sich schnell wieder.»

«Heißt, Wiese ist pflegeleicht?»

«Na ja, es gibt schon Arbeit. Drei oder vier Mal im Jahr Mähen und das Gras ins Silo fahren, für die Rinder. Und ab und zu, wennses braucht, den Boden düngen.»

Mein Vater blieb noch einmal kurz stehen und riss ein buscheliges Gras aus. Was er da wohl machte? Unkraut checken? Hmm. Ein kalter Dezemberwind wehte uns entgegen, und der Matsch an meinen Füßen wurde nun auch noch zu Eis versteift. Ganz toll.

«Fahr ma weida, oder?», sagte mein Papa.

«Jap.»

Ich drehte sofort um und lief Richtung Auto, und da steckte ich die inzwischen braunen Schuhklumpen rein. Tür zu, Fußheizung an. Aaah, Wärme.

Wir holperten über ein paar Feldwege, durch einen kleinen Wald durch, und dann standen wir an einem Ort, den ich wiederum sehr gut kannte.

Mein Papa parkte an der alten Holzhütte, die er zusammen mit seinem Papa, ja, sagen wir mal, vor langer Zeit gebaut hatte. Von meinem Opa standen da auch noch ein paar verrostete uralte Geräte drin. Von der Hütte aus konnte man weit über die Äcker sehen, grün und goldfarben, umringt von dunklen Wäldern. Alles das gehört meinem Vater.

Ich stieg aus und ging ein paar Schritte den Forstweg entlang.

Da pfiff der Wind leise durch die Mulde, und irgendwas knackste im Holz. Sonst war da nix, kein Auto, kein Haus in Sicht, keine Menschen außer uns. Über mir war nur der

Himmel, leuchtend blau, mit ein paar Schäfchenwolken drin. So weit und groß konnte ich den Himmel nirgends sehen als genau da. Da war sie wieder, diese Weite.

Einen Moment blieb ich nur stehen und schaute.

«Halt amal.» Mein Vater stand plötzlich neben mir und hielt zwei Graffiti-Sprühdosen hoch. Ich griff danach.

«De brauch ma glei zum Markieren von de Bäume», erklärte er und schlüpfte in seine Waldarbeiter-Jacke, eine dicke grüne mit knallig orangefarbenen Streifen drauf. Dann nahm er mir wieder die Dosen aus der Hand.

«Aber jetzt schau ma erst mal vor zum Acker.»

Er ging wieder recht schnell den auch recht matschigen Forstweg entlang, was meine Fußlage nicht besser machte.

«Vor 50 Jahr gab es hier an den Feldern noch keine Wege. Da sind wir mit dem Bulldog über die Nachbargrundstücke zum Acker gefahren. Wir mussten uns absprechen, wer wann draufdarf, damit keiner die Ernte oder das Gras vom anderen zamfährt. Dann kam die Flurbereinigung, und die haben Felder zusammengelegt und Wege gebaut und neue Hecken angelegt. Da haben wir damals fast einen Hektar Land dafür hergegeben ...»

«Also gehören die Wege hier auch dir?»

«Nein, der Gemeinde. Das Land hab ich dafür an die abgeben müssen. Und 15 000 Mark haben wir auch bezahlt, fürs Bauen der Wege. Und fürs Zusammenlegen der Grundstücke. Aber für uns Bauern hat sich das trotzdem gelohnt. Jetzt muss ich mich mit keinem Nachbarn mehr absprechen, wenn ich auf meine Felder fahren will.»

«Hmm.»

Dann deutete er auf den Acker und erklärte schnell, was wo wuchs (Mais links, Winterweizen rechts) und was da gerade so zu tun war (nicht viel im Winter). Momentan sah das alles nach viel brauner Erde aus. Die Weizenpflanzen darauf waren vielleicht ein paar Zentimeter hohe, grüne Gewächse, die da in Reih und Glied standen, auf dem Maisfeld reckten sich nur die kniehohen gelben Stängel von der Zwischenfrucht (der Mais selbst wird erst im April angesät).

Wir drehten uns um und gingen über die schmale Böschung hinauf in den Wald. Jeder Schritt krachte, von den Kiefernzapfen unter uns und den herumliegenden Ästen und den Blättern am Boden. Ich hob wie ein Storch die Füße in die Höhe, damit ich mit meinen Matschschuhen nicht auch noch an irgendwelchen Dornen hängen blieb. Zwischen den Bäumen wurde es gleich kühler und dunkler, und irgendwo schien ein Tier nicht mitbekommen zu haben, dass es eigentlich schlafen sollte, und es klang, als würde es stattdessen einen Busch gscheid durchschütteln.

Noch ein paar Storchschritte, dann blieb mein Papa an einem Baum stehen und erklärte, dass hier bald so 20 Bäume rausgeschnitten werden müssten. Und zwar diejenigen, die andere beim Wachsen behindern würden, die Bedränger. Die wollte er jetzt ausfindig machen und ihnen dann jeweils einen Fleck auf den Stamm sprühen, damit mein Cousin, der Georg, der auch Landwirt ist und mit dem mein Papa ziemlich viel zusammen macht, in ein paar Tagen mit seinem großen Rückewagen kommen und sie rausschneiden und mitnehmen konnte.

Dann stapfte er weiter, langsam durch die Bäume hindurch. Immer wieder blieb er stehen und schaute sich um, nach links und nach rechts, und dann hoch in die Kronen. Oben wippten die Kiefernnadeln im Wind, als wären sie lieber Schwalben, die gleich in den Himmel abzwitschern würden. Und irgendwann zog er den Deckel von einer der Dosen ab und – pfffftt – hatte der Stamm vor ihm einen leuchtend gelben Punkt drauf.

«Oh», sagte ich, «wird der jetzt abgesägt?»

«Ja, schau mal da nauf, die Äste da hängen ziemlich nah beim Nachbarn. Die berühren sich schon. Das ist nicht gut, da nehmen sie sich gegenseitig das Licht weg und wachsen nimma gscheid. Bäume brauchen Platz.»

«Und was wird aus ihm?»

«Bretter.»

Die meisten Bäume hier im Wald würde ihm das Sägewerk zwei Dörfer weiter abkaufen. Also, wenn sie dick genug waren, der hier hatte vielleicht 30 Zentimeter Durchmesser, schätzte mein Papa, das müsste reichen. Die Bäume würden er und der Georg dann umlegen und in fünf Meter große Stücke schneiden, und so kämen sie ins Sägewerk, Festmeter: 80 Euro. Der Holzpreis war heuer sehr gut wegen der Amerikaner, vor einem Jahr hätte er dafür noch die Hälfte gekriegt.

Der ganze Baum ist 25 Meter lang, und aus dem oberen, dünneren Teil wird dann Brennholz, ein Ster – also kleine Holzscheite, fertig für den Ofen geschichtet, ein Meter mal ein Meter mal ein Meter – gäbe um die 60 Euro, aber das verkaufe er eigentlich nicht. So ein fertig gespaltenes Brennholz kommt bei uns in die Holzschupfa, das heizen er und die Mama selber ein. Die dünneren Bäume gingen oft an Hopfenbauern, weil die immer wieder neue Stangen für ihre Hopfengärten brauchen, Stück 20 Euro. Und das ganze Kleinzeugs, die Äste und Spitzen, die zerhäckselt der Georg dann für seine Hackschnitzelheizung.

Mein Vater steckte den Deckel wieder auf die Dose und stapfte weiter hinein in den Wald. Ich schaute noch mal den besprühten Baum hinauf. So ein schöner war das. Ob ich ein paar Argumente für ihn sammeln sollte, um seinen Tod zu verhindern? Er war doch noch so jung! Also, bestimmt war er doch noch jung! (Wie alt war der wohl? 40, 50 Jahre?) Und die

Nadeln tätschelten doch nur ganz wenig herüber! Aber schon beim dritten Gedankenargument kam ich mir wieder wie eine romantisierende Städterin vor, keine Ahnung vom Wald, aber gscheid daherreden. Nix jetzt Baum retten, dachte ich, wo soll denn das Holz herkommen für das schicke Lagerfeuer und die Regale und die Tische und die Fensterrahmen? Die will ja auch keiner aus Plastik haben, oder?

Ich lief also weiter meinem Papa hinterher, und zum Glück hatte er schon einen neuen Punkt auf einen Baum ge-pffffft. Diesmal einen weißen.

«Wenn wir immer mal die gelb markierten rausnehmen, werden dadurch die weißen, die Zukunftsbäume, größer und stärker. Weil sie mehr Platz haben. Der hier, das ist eine Buche, der wird so bestimmt mal hundert Jahr alt.»

Das war nun wieder eine schöne Vorstellung.

Ich storchte zu meinem Papa rüber und schaute zu dem neu erkorenen Zukunftsbaum hinauf. Oben glitzerten die braunen Blätter in der Wintersonne. Und plötzlich fiel mir was auf.

«Sag amal, ist das einer von den Bäumen, die ich damals gepflanzt hab?»

Mein Papa schaute nach links und nach rechts und dann den Stamm hoch.

«Ja, ich glaub schon. Das ist einer der Maria-Bäume.»

Ooooh, da klappte mir tatsächlich vor lauter Staunen der Mund auf.

Ein Maria-Baum. So hatte er ihn genannt. Den hatte ich gepflanzt.

Und der Maria-Baum war inzwischen so dick, ich konnte ihn mit meinen Armen kaum umschlingen (hab ich natürlich gleich probiert), und bestimmt so hoch wie die vierstöckigen Häuser in unserer Straße in Hamburg.

Stolz stapfte ich noch ein bisschen um ihn herum, dann gingen wir weiter zum nächsten Pfffft. Und zum nächsten und zum übernächsten, ich reichte meinem Papa inzwischen abwechselnd die Dosen hin.

«Papa», fragte ich irgendwann, «warum hast du uns damals eigentlich nur so selten mitgenommen? Also in den Wald und auf die Felder.»

«Ja mei», er zuckte mit den Schultern. Dann ging er ein paar Schritte weiter, und ich sah auf seinen Rücken.

«Es war einfach nicht so viel zu tun für euch Kinder. Die Landwirtschaft heute, das funktioniert sehr viel mit großen Maschinen. Vieles war da zu gefährlich. Und es gab andere Dinge, die euch wichtiger waren. Ihr musstet für die Schule lernen und hattet alle eure Vereine.»

«Hmm», sagte ich.

«In meiner Kindheit war das noch anders. Da gabs noch mehr Arbeiten für Kinder. Wir haben zum Beispiel Kartoffeln in ein Feld gelegt. Da mussten wir auf dem Acker hinter so einer Maschine herlaufen, die mit Schaufeln kleine Löcher in einer Reihe in den Boden gemacht hat. Wir haben dann immer die Pflanzkartoffeln in die Löcher werfen müssen, und der Nächste ist mit dem Häufelpflug nachgefahren und hat wieder Erde draufgedeckt. Im Mai mussten wir dann neben den kleinen Kartoffelpflanzen das Unkraut raushacken. Das mochten wir nicht so gern, da haben wir immer versucht, uns davor zu drücken. Aber das Fierefohrn, das mochten wir. Also wenn wir mit den Rössern oder später mit dem Bulldog auf der Wiese immer ein Stück weiterfahren sollten, damit die anderen das Heu auf den Wagen gabeln konnten. Solche Arbeiten gab es für euch nicht mehr.»

«Hmmm.»

Mein Papa drehte sich wieder um und ging weiter durch den Wald.

Er hatte wohl recht, für uns Kinder gab es auf unserem Hof kaum etwas mitzuhelfen. Wir hatten ja keine Tiere zum Füttern, und die Feldarbeit und die Arbeit im Wald machten große Männer mit großen Geräten. Da mussten wir vor allem wegbleiben.

Einige meiner Onkel und Tanten – die meisten sind Landwirte – haben Hopfen. Da durften wir manchmal mitkommen und beim Hopfenzupfen helfen oder Hopfenkränze flechten. Ab und zu hab ich meinem Papa die großen Holzstücke zum Holzspalter gereicht oder Eier von den Hühnern geholt. Aber das wars auch schon an landwirtschaftlichen Erfahrungen.

Mit 16 hab ich dann meine Lehre im Hotel angefangen, da musste ich fast jedes Wochenende kellnern oder Betten machen oder Toiletten putzen. Viel Zeit für andere Dinge blieb dann ohnehin nicht mehr.

Aber um ehrlich zu sein, erinnere ich mich auch nicht daran, dass ich meinen Papa mal gefragt hätte, ob ich mitkommen kann, wenn er in den Wald oder aufs Feld fuhr. Wir waren halt Kinder, und die sind vermutlich überall gleich. Wir wollten am liebsten Fernsehschauen und Fußballspielen und mit den anderen Kindern durchs Dorf ziehen. Und als Teenager dann wollte ich vor allem weg, in die Stadt, zum Shoppen und auf Konzerte und in die Clubs.

Vielleicht wäre manches anders gelaufen, wenn ich mich damals schon für die Landwirtschaft interessiert hätte. Wenn ich gefragt hätte. So wie jetzt.

Maschinenringen

In den nächsten Tagen saßen mein Papa und ich noch öfter vor dem Computer, und er zeigte mir all die Berechnungen und Tabellen, die er jedes Jahr so ausfüllte. Ich machte also noch recht oft puuuuuuuh und nippte vom Kaffee. Und wie ich da so immer und immer wieder meinem Papa beim Klicken zuschaute, beschlich mich langsam das Gefühl: Landwirte sitzen viel öfter am Computer als auf dem Bulldog.

Da geht es mal darum, auszurechnen, wie viel Gülle jetzt genau auf den Acker soll und wer wie viele Stunden lang was auf den Feldern gearbeitet hat und was er dafür bekommt. Es geht um Spritzmitteldosierungen und um EU-Fördermittel, um Kosten für Samen und Maschinen und Gewinne aus den Verkäufen vom Mais und vom Holz und um Einnahme-Überschuss-Rechnungen für die Steuererklärung und, und, und. Puuuuuuuh.

Ob das mit den Tabellen den ganzen jungen Menschen klar war, die Landwirte geworden sind, weil sie so gerne draußen an der frischen Luft arbeiten? Irgendwann dachte ich: Wenn ich das mit der Landwirtschaft kapieren will, brauch ich wohl dringender ein Statistik-Seminar als einen Bulldogkurs.

Wobei so ein Bulldogkurs würde mir auch nicht schaden. Kurz vor Neujahr hätte ich nämlich einen fast im Graben versenkt. Das war so: Mein Papa kam in die Küche und sagte, er würde gerne einen Wurzelstock wegfahren, der sollte in den Wald, zu der alten Hütte. Eine Wurzel von irgendeinem großen grünen Busch. Bisher war der am Haus entlang hochgewachsen, doch jetzt hatten meine Eltern eine zusätzliche

Wasserleitung durch den Garten graben lassen, und da musste er weg. Der Baggerfahrer, der einige Wochen zuvor dafür mit seinem riesigen Bagger da gewesen war, hatte die Wurzel freundlicherweise schon auf einen der Wagen gelegt, jetzt müssten wir also nur noch den Wagen an den Bulldog anhängen und mit ihm zusammen in den Wald fahren – und dann die Wurzel da runter auf einen dafür vorgesehenen Haufen ziehen. Ganz einfach.

Nach dem Mittagessen verabschiedete ich also wieder Mann und Kinder in die Mittagsruhe, und weil ich jetzt schon dazugelernt hatte, schlüpfte ich in die Gummistiefel meiner Mama und in einen alten grünen Arbeitsparka und ging mit hinaus auf den Hof. Mein Papa hängte den Wagen an – rums, zack – ich setzte mich auf den kleinen Sitz am Bulldog. Rrrrrummmockockockockock.

Der Bulldog ratterte. Man muss dazu sagen: Mein Papa hat keinen von diesen riesigen High-Tech-Traktoren mit geschlossener Fahrerkabine und Klimaanlage oder sonst etwas Schickem, er hat einen kleinen grünen Fendt. Es sind eigentlich zwei kleine grüne Fendts. Da, wo bei einem Traktor normalerweise die Tür ist, haben die Fendts eine Stange, die man wie eine Tür einhängen kann, und daran ist ein beiger Plastikstoff. Der Stoff sichert dann zumindest, dass es einen nicht an den Füßen friert. Das Dach ist ein Metallgestänge mit auch so einem Plastikstoff darüber, vorne gibts eine Windschutzscheibe, die man wie das Visier von einem Motorradhelm mit lautem Gequietsche herunterziehen kann. Die Fendts haben je einen schwarzen Sitz, der bei jedem Hügel ausgiebig mitfedert.

Für mich schauen die beiden Fendts auch relativ gleich aus, vom einen geht mir der Reifen vielleicht bis zum Kinn und vom anderen bis zur Stirn. Jedenfalls rattern sie beide recht laut, und wenn man auf ihnen sitzt, schüttelt es einen die ganze Zeit durch.

Kwwwiiiium, Visier zugezogen, wir fuhren los.

Hinter uns rollte der angehängte Wagen und noch eins dahinter meine Mama im Smart. Sie wollte auch helfen, die Wurzel da vom Wagen herunterzuziehen, was mir zu dem Zeitpunkt noch übertrieben vorkam.

An der Hütte angekommen klappten wir eine Seite des hölzernen Traktoranhängers herunter, und ich kletterte hinauf. Bei drei wollten meine Eltern an der Wurzel unten ziehen, und ich sollte von oben mit dem Fuß anschieben.

Also los: Eins, zwei, drei – nichts bewegte sich. Die Wurzel wackelte nicht mal wenigstens aus Respekt vor unserer Anstrengung.

«Oh», sagte mein Papa, «Hu» meine Mama. «Da geht ja gar nix.»

«Vielleicht kimma den Wagen irgendwo schief hinstellen», schlug mein Papa vor. «Dann kannt ma die Wurzel besser runterschieben.»

Wir sahen uns um.

«Da drüben wär ein Graben», sagte ich.

Und schon saß mein Papa wieder auf dem Fendt, ruuumockockockock. Er fuhr ein Stück vorwärts, dann langsam, langsam zurück, damit sich der Wagen nicht um die Kurve drehte, und dann, für meine Begriffe ziemlich schnell, mit dem linken Vorderreifen in den Graben. Man muss dazu sagen: Der Graben war jetzt nicht gerade der Grand Canyon, er ging mir bis zu den Knien. Der Smart wäre wohl trotzdem zur Hälfte drin versunken, beim Bulldog aber völlig easy nur der Vorderreifen.

Mein Papa also rein und immer geradeaus, bis alle linken Räder von Bulldog und Wagen drinstanden und das ganze

Konstrukt aussah, als wäre es ein Erdbebenopfer, das halb im Straßengraben hängen geblieben ist.

Ich also wieder rauf auf den Wagen und mit den Gummistiefeln schiebend, meine Eltern unten am Wurzelstock ziehend, eins, zwei, drei – und wieder bewegte sich nichts. Aber auch überhaupt nichts.

«Warts, ich ruckel noch mal», rief ich und trat, so fest ich konnte, noch ein paar Mal von oben dagegen. Aber nix.

«Tja», sagte meine Mama.

«Also gut», sagte mein Papa, «dann dad i sagn, fahrn mir zwei schnell heim, und ich hol den andern Bulldog und a Kettn. Maria, du kannst ja derweil hier wartn.»

Und schon gingen meine Eltern zum Smart, rollten lautlos davon, und ich stand allein da mit dem schiefen Bulldog. Ja Wahnsinn, dachte ich, wenn mich da jetzt einer sieht, dann holt der die Polizei. Oder den Sanka.

Ich schaute mich um und stellte fest, dass ich mitten im Acker stand, zwischen den beigen Stängeln. Ob ich da wohl einmal durchmarschieren konnte, bis die zwei zurück waren? Immerhin hatte ich heute Gummistiefel an!

Voller Stolz auf meine weitsichtige Ausstattung marschierte ich los. Auf der anderen Seite des Feldes, am Waldrand, stand eine kleine Kapelle, die mein Papa vor Jahren einmal gebaut hatte. Bis dahin konnte ich doch locker gehen.

Ich spazierte also los und freute mich über die wunderbare Luft und die Einsamkeit. Und dann wurden die Stängel immer länger und dichter, und ich musste die Beine bei jedem Schritt höher heben, um vorwärtszukommen. So Gummistiefel sind auf Dauer auch ganz schön schwer zu navigieren. Irgendwann klatschten mir die Stängel nur noch gegen die Beine, und ich blieb hängen und riss die Beine hoch und stapfte und stapfte und stolperte, aber fing mich grad noch auf und schob die Halme mit dem Fuß weg und atmete und schwitzte, und endlich war ich auf der anderen Seite des Feldes. Zwar noch lange nicht an der Kapelle, aber immerhin stand ich nun auf einem geschotterten Weg, und da kam meine Mama mit dem Smart angerollt.

«Wo willstn hin?», fragte sie.

«Ich wollte nur ... », hu, da musste ich Luft holen, schnell öffnete ich die Tür und setzte mich neben sie in den Smart, « ... zur Kapelln. Bis ihr wieder da seids.»

Meine Mama grinste. «Der Papa ist schon fertig.»

«Oh.»

Meine Mama drehte um und fuhr über die Feldwege wieder rüber zur alten Hütte. Und tatsächlich stand da mein Papa mit zwei Bulldogs, und die Wurzel lag schon auf dem für sie vorgesehenen Haufen. Er hatte einfach eine Kette um sie geschlungen, die andere Seite am Bulldog festgemacht und sie damit vom Anhänger herunter direkt zu ihrem Bestimmungsort gezogen. Zack. Da stand er nun und machte die Kette gerade wieder los.

«Kannst du no Bulldog fahrn?», fragte er mich.

«Äh, na ja. Warum?»

«Du könntst den einen heimfahren und ich den anderen und die Mama den Smart.»

«Klar», sagte ich und versuchte mich zu erinnern, wann ich zum letzten Mal einen Bulldog gefahren hatte. Oder hatte ich das überhaupt schon mal?

«Na, vielleicht erklärst du mir das noch mal kurz.»

Ich kletterte vorsichtig die drei Stufen hoch, setzte mich auf den Federsitz, und mein Vater stellte sich neben mich und begann mit dem Crashkurs:

Gas rechts, Kupplung links, vier Gänge, Gangschaltung richtig fest reindrücken, langsam anfahren lassen, sonst hoppelt er. Dann hüpfte er wieder runter und setzte sich in sein Gefährt. Kiiiwum, Visier zu. Los gings.

Immerhin hatte mein Papa schon den Motor angedreht, es ruckelte also schon. Jetzt nur erster Gang rein und los.

Krrrrrrrrr-ooooooo. Es krachte. Oh Gott. Ich drückte das Pedal, der Bulldog aber fuhr nicht schneller. Ich probierte den zweiten Gang. Ich drückte das Pedal runter, die Gangschaltung rein, es krachte wieder und hoppelte, und der Bulldog schlich immer noch weiter, obwohl ich jetzt richtig fest auf das Gas drückte. Hmmm.

Hilfesuchend schaute ich wieder von der Gangschaltung hoch, und dann merkte ich, dass der Fendt inzwischen zurück in Richtung Graben geschlichen war und jetzt schon verdächtig nah am Rand stand. Erschrocken drehte ich das Lenkrad rüber. Oh, ging das streng! Oooooh.

«Papaaaaaaa», schrie ich durch die Scheibe. «Der fohrt ned!»

Mein Papa fuhr mit seinem Bulldog einmal quer über den Acker direkt neben mich, bremste, sprang herunter und auf meinen rollenden drauf und drehte erst mal kräftig das Lenkrad rum.

«Schau», ich zeigte ihm, wie ich aufs Gas trat und nichts passierte.

«Des is de Kupplung. Da unten is des Gas.»

«Oh», flüsterte ich, und mein Papa grinste und hüpfte wieder auf seinen Bulldog. Womöglich hatte er meiner Mama dabei noch mit dem Kopf zugenickt, und sie hatte verstanden, was er damit sagen wollte, denn jetzt fuhr sie ganz langsam vor und er hinter mir nach. Sie waren also meine Polizeikolonne, aber na ja, es schien auch nötig zu sein.

Also noch mal das andere Pedal gedrückt und wieder den ersten Gang rein – ging deutlich besser – und dann aufs Gas.

Der Bulldog hoppelte und hüpfte, und dann fuhr er tatsächlich. Ich tuckerte den Feldweg entlang, erste Kurve geschafft, zweite Kurve auch und dann noch eine, und dann war die Straße wieder geteert, und ich traute mich an den zweiten Gang. Und an den dritten und dann den vierten – und dann fuhr ich. Wie der Blitz.

Alles vibrierte, der Sitz federte auf und ab und auf und ab, und der Motor dröhnte ohrenbetäubend laut, aber das machte nichts. Der Bulldog kam mir wahnsinnig groß und ich mir sehr cool vor. Wie die Königin der, ähm, Wiesen! Ich hob den Kopf und grinste. Hahaaaa! Landwirtschaft, ich komme!

Das Ganze ging 15 Sekunden lang so, dann kam die Bundesstraße.

Bremse, Bremse, BREMSE! Wo war die noch?? Ah da!

Ich trat etwas zu hektisch auf das silberne Pedal, der Bulldog hoppelte und blieb dann aber rummszack stehen, was vermutlich damit zu tun hatte, dass ich tatsächlich ja bloß mit 20 km/h unterwegs gewesen war.

Mein Papa hinter mir bremste auch, und meine Mama vor mir war schon über die Straße gefahren und wartete dort auf mich. Ich wette, sie haben beide in dem Moment ein Stoßgebet abgehalten dafür, dass ich es unversehrt über die Straße schaffe.

Ich schaute also links und rechts und links und rechts und noch zehn Mal, und als wirklich vermutlich im Umkreis von fünf Kilometern kein einziges Auto mehr auch nur daran dachte, sich zu bewegen, schlich ich los.

Kupplung, Gang, Gas – drüben.

Die Kolonne bewegte sich weiter Richtung Hof. Ich schaffte es ohne Schaden durch die Hofeinfahrt und dann sogar, dort irgendwo den Fendt hinzustellen und den langen silbernen Draht zu ziehen, der dem Motor das Ocken nahm.

Meine Eltern kamen mir erleichtert lachend entgegen, Papa kletterte aber gleich die Stufen hoch und zog zur Sicherheit an

der Handbremse.

«Is doch ganga», sagte er dann.

Ich beschloss, das als größtmögliches Lob zu werten, stieg ab und setzte mich auf die Hausbank. Der Papa stieg schnell, schnell selber wieder auf den Bulldog und fuhr ihn in die Garage und den anderen dahinter. Tür zu.

Dann setzte er sich zu mir auf die Hausbank.

Es war kalt, zehn oder zwölf Grad, und hier im Hof windstill. Und überhaupt war es still. Von drinnen hörte ich meine Mama in der Küche Bleche in den Ofen schieben, und Hannes und die Kinder oben im Wohnzimmer mit Legosteinen poltern, draußen gackerten die Hühner.

Ich schaute auf die vielen Steine, die meine Mama auf all ihren Reisen gesammelt und kunstvoll im Hof an den Rasenrand hindrapiert hatte. Und auf den kahlen Apfelbaum und den Kirschbaum und die Linde auf dem Rasen. Und in die Luft.

«Sag amal. Warum hast du eigentlich zwei Bulldogs?»

«Ja mei», antwortete mein Papa. «Des is a lange Gschicht.»

Den einen Fendt, erzählte er, hatte sein Vater 1968 gekauft, weil der Bulldog, den sie davor hatten, mit seinen 24 PS zu schwach war für die neuen Maschinen. Der neue Fendt hatte dann 40 PS. Den zweiten Fendt hatte er sich selber vor drei Jahren geleistet (50 PS). So wie ich das verstand, war der Grund dafür: einfach so. Vielleicht war der neue ein bisschen bequemer, vor allem der Sitz federte wohl etwas besser, aber ich vermute, diese Maschinen in der Landwirtschaft, und vor allem die Bulldogs, sind eben nicht bloß Nutzfahrzeuge. Für Bauern sind sie das, was für die Biker die Harleys sind und für die Segler die Bavaria-Jachten und für die Autofans die Ferraris.

Das, was man Liebhaberobjekte nennt. Mein Vater war bloß nicht der Typ glänzender roter Ferrari, sondern mehr so was wie Typ alter Käfer.

Ab und zu aber, erzählte er, fuhr auch er gern mal mit einem dieser coolen neuen Traktoren herum, für große Arbeiten auf dem Feld oder im Wald, um zu pflügen oder zu säen oder zu ernten. Dann nämlich, wenn seine Fendts mit den großen Anhängern nicht mehr klarkamen, dann lieh er sich eben größere aus, und zwar über den Maschinenring.

Dieses Wort hatte ich in meinem Leben bestimmt schon fünfhundert Mal gehört, aber trotzdem wusste ich nicht so recht was damit anzufangen. Jetzt aber, in meinem neuen Azubi-Dasein war der Moment, mir das mal erklären zu lassen. Und mein Vater erklärte, dass der Maschinenring wie eine Organisationsgemeinschaft für große Geräte in der Landwirtschaft ist. «Wenn ich zum Beispiel am Donnerstag vier Hektar pflügen will, dann ruf ich dort an, und der Mann am Telefon schaut in seiner Datenbank nach und sagt: ‹Am Donnerstag könntest du dir vom Huber den 100-PS-Schlepper ausleihen und vom Meier den Pflug dazu. Den musst du aber am selben Tag zurückbringen, dann will der selber pflügen.› Dann fahr ich also am Mittwochabend zum Huber und hole den Bulldog ab, und der gibt mir noch eine Einleitung dazu, und zusammen schreiben wir den Traktormeterstand auf, und dann fahr ich zum Meier und hole da den Pflug ab, einen vierscharigen Volldrehpflug modernster Ausführung. Am Donnerstag pflüge ich dann meinen Acker, und dann bringe ich am Abend den Pflug und den Traktor wieder zurück. Am nächsten Tag rufe ich beim Maschinenring an und sage: ‹Ich habe vom Huber den Traktor 6,5 Stunden lang gehabt und mit dem Pflug vom Meier 4 Hektar umgegraben.› Das Büro vom Maschinenring rechnet das dann nach einer festgelegten Preisliste ab und schickt mir später eine Rechnung, und das Geld wird von meinem Konto abgebucht. Sonst brauch ich mich um

nichts zu kümmern. Ich könnte über den Maschinenring auch ganze Arbeiten vergeben, zum Beispiel mit Maschinen, die ich nicht selber bedienen kann, wie einen von den neuen Mähdreschern oder einen großen Häcksler.»

«Das heißt, du müsstest überhaupt gar nix mehr selber machen, sondern bräuchtest nur im richtigen Moment zu telefonieren?»

«An sich ja. Ich hab schon mal von einer Busreise in Belgien aus mit einem Bauern über den Maschinenring ausgemacht, dass er jetzt schnell meinen Roggen erntet. Ich hab zwei Tage vorher schon gemessen gehabt und gemerkt, dass er reif und trocken genug war. Und der Bauer hatte grad Zeit. Also hat er das dann gedroschen und danach das geerntete Getreide direkt ins Raiffeisenlagerhaus gefahren. Und wie ich am Abend heimkommen bin, war alles schon gemacht.»

Ich sagte es nicht laut, aber nach der Ausführung war ich doch ganz schön erleichtert. Ich würde also nicht dringend irgendwann selber mit einem der Fendts über das Feld stolpern müssen, um das hier alles zu machen. Denn nach einem Tag wie heute hatte ich große Zweifel daran, ob es dann nicht doch besser wäre, wenn man gleich alles zubetoniert und ein Gewerbegebiet draufbaut.

Erleichtert lächelnd saß ich auf der Bank.

Ein Nachbar fuhr auf seinem Fahrrad am Zaun vorbei:

«Grias eich.» Wir nickten und riefen was Freundliches zurück.

«Aber hatten wir nicht auch mal einen Mähdrescher im Stadl stehn?», fragte ich dann. «Ich erinnere mich dunkel. So einen roten.»

«Stimmt. Vor dreißig Jahren. Den ham wir nach Bosnien verkauft.»

Einmal nämlich, erzählte er, war er vom Feld heimgekom- men und hatte gesehen, wie der Oberhofer gerade seinen Weizen gedroschen hat. Mit einem neuen Mähdrescher, das war eben so ein modernes Gerät mit geschlossener Kabine und Klimaanlage und Ding. Der hatte ein Mähwerk von sechs Metern Breite. Mit dem roten Mähdrescher hatte mein Papa damals vier Tage gebraucht, um das Feld zu ernten. Mit so einem Riesending aber, das sah er gleich, würde er das wohl in vier Stunden schaffen. «I bin doch ned blöd», hat er sich da gedacht und noch am gleichen Tag eine Anzeige für das *Landwirtschaftliche Wochenblatt* geschrieben, um den roten Mähdrescher zu verkaufen. Seither erntet der Oberhofer auch seine Felder mit, und er bezahlt ihn nach eben diesen festgelegten Hektarsätzen vom Maschinenring. Das kam ihm insgesamt auch billiger, als wenn er jetzt selber einen neuen Mähdrescher gekauft hätte. Solche Riesengeräte von Claas oder New Holland oder von Fendt kosten auch gebraucht mal schnell 150 000 Euro. Das wär sich für einen kleinen Betrieb wie den von meinem Papa überhaupt nie ausgegangen.

«Aber jetzt mal ehrlich», sagte ich. «Wenn des mit dem Maschinenring so gut funktioniert, brauchst du dann überhaupt noch einen Bulldog?»

«Schon», sagte er. «Also sang ma mal, schlecht is's ned. Für so was wie heut oder mal zum Düngerstreuen oder Getreideabfahren oder Aus-dem-Wald-Holz-Heimfahren. Für kleinere Hofarbeiten halt, da braucht ma den scho.»

«Wollts ihr an Kuchen?»

Meine Mama steckte den Kopf durch die Haustür. Wir nickten, aber keiner bewegte sich.

Und irgendwann sagte mein Papa: «Na ja, einer würde

aber schon reichen.» Dann zuckte er mit den Schultern und
lächelte durch seine große Brille. «Aber mei. Einer kauft sich

einen Porsche, und ich kauf mir halt einen alten Bulldog.»

Dann stand er auf und ging rein, Kuchen essen.

Papaseminar

Der Winter ist für Bauern die ruhigste Zeit. Im Januar geht mein Papa höchstens ein oder zwei Mal in den Wald, schaut sich die Bäume an und markiert, welche raussollen und welche bleiben. Dann kommt der Georg und sägt sie um, schleppt sie mit der Seilwinde raus und bringt sie dem Sägewerk zwei Dörfer weiter. Im Februar und im März ist dann schon mehr los. Da fahren mein Papa und der Georg miteinander auf dem Quad über die Felder und hauen alle paar Meter einen Erdbohrstock in den Boden, ein Gerät, das aussieht wie ein riesiges Rohr mit Schlitz. Sie hämmern es 60 Zentimeter tief rein, ziehen es wieder raus und kippen, was im Inneren von dem Stock stecken bleibt, in eine große Kühltasche. Die Erde schicken sie dann in ein Labor, weil die da wiederum messen sollen, wie viel Stickstoff im Boden drin ist, denn daraus lässt sich berechnen, wie viel Dünger später aufs Feld muss.

Erdzieherei hat was Bräunliches, dachte ich und zog einen hellbraunen Holzer aus Lises Stiftebox. Die Weihnachtsferien waren rum und wir nach Hamburg zurückgekehrt. Vor mir lag ein auf einem DIN-A4-Blatt ausgedruckter Jahreskalender, und zwischen meinem Ohr und meiner Schulter klemmte unser Telefon, und daraus redete mein Vater. Wir waren dabei, einen Kalender zu basteln, einen, in dem stehen sollte, was wann im Jahr denn so auf den Wiesen, Feldern und im Wald zu tun ist. Ich wollte mal einen Überblick haben, und außerdem war es bis zum nächsten Besuch im Mai noch ein bisschen hin. Papa erzählte also gerade von der Probenziehaktion (das heißt korrekterweise übrigens N_{min}-Untersuchung und wird jedes

Jahr gemacht, bevor die Pflanzen anfangen zu wachsen), und ich kringelte in die Mitte des Kalenderfebruars einen braunen Knödel, in den ich «Bodenproben Getreideacker» schrieb, und mitten in den März einen Knödel mit «Bodenproben Maisacker», dann malte ich alles braun aus.

Papa und ich telefonierten im Moment so viel wie noch nie zuvor in meinem ganzen Leben, fast jeden zweiten Tag, schätze ich. Er erzählte mir alles Mögliche über die Landwirtschaft, darüber, wie ein Feld funktioniert und was das mit dem Düngen eigentlich ist und dem Spritzen. Ich schrieb mit. Ein bisschen kam ich mir vor wie in einem Landwirtschafts-Seminar der Fachhochschule, erstes Semester. Nur mit dem Unterschied, dass ich nicht mit vielen ebenfalls Lernwilligen in einem ovalen Hörsaal auf mittelmäßig bequemen Holzstühlen rumsaß, sondern bei uns zu Hause in Hamburg, in unserem Büro. Wobei man sagen muss, dass das Wort «Büro» leicht übertrieben ist. Als die Zwillinge alt genug für ein eigenes Zimmer waren, haben Hannes und ich unsere zwei Billy-Regale und den schmalsten Schreibtisch, den Ikea im Katalog hat, auf unseren winzigen Balkon / Wintergarten geschleppt, ein kleines WLAN-Verstärker-Kästchen in die Steckdose gequetscht und fertig. Auf der einen Seite reihen sich da jetzt Ordner und Bücher im Regal, auf der anderen quetsche ich mich, wenn ich von zu Hause aus arbeite, hinter den Schreibtisch. Und noch mal dahinter, hinter der großen Glastür im Gang hängen mehr oder weniger dauerhaft zwei Wäscheständer übereinander an der Wand, was man in so Videokonferenzen immer gleich durch die Scheiben sieht, darum hat unser Kabuff inzwischen schon den Spitznamen Wäscheständerbüro gekriegt.

Ach, wie das mit den Wäscheständern geht, wollen Sie wissen? Also, den einen hängen wir an zwei dicken Garderobenhaken hoch an die Wand, die sind da auf ungefähr zwei Metern Höhe installiert. Da muss man beim Hochhängen so ganz weit unten den Ständer festhalten und den dann da oben mit seiner Querstange einhakeln, der andere steht einfach darunter. Probieren Sie das mal aus, das geht tipptopp!

Als wir damals in die Wohnung eingezogen waren, hatte ich noch Ambitionen, den Wintergarten quasi als solch einen zu gestalten. Ich hab ein paar Kräuter im Baumarkt gekauft und sie ganz schick auf alten Weinkisten in dem Raum dekoriert. Sie sind sofort verschimmelt, vom Schnittlauch aus krabbelten die Läuse davon, und der Raum hat gestunken, das wollen Sie nicht wissen, wie. Seither haben wir keine einzige Pflanze mehr daheim, dafür schau ich jetzt vom Schreibtisch aus durch die Fensterfront auf die Krone eines großen, alten Laubbaums. Was das wohl für einer ist? Ein Ahorn vielleicht? Hmm, wie war das noch mal mit den Zacken in den Blättern ... Eins, zwei, drei, vier ... Ui, da hinten fliegt eine Elster auf das Dach vom Nachbarhaus. Und jetzt sitzt sie da auf der Regenrinne und schaut. Wenn die nach vorne kippt, geht ihr riesenlanger Schwanz hinten hoch, und sie sieht aus wie einer von diesen hölzernen Wippvögeln, die man so am Schwanz schnippst, und dann hauen die mit dem Schnabel gegen ein Stück Holz. Boing. Boing. Boing.

«Bist du no dro?»

«Ah, tschuldige. Im März simma, oder?»

Konzentration!

Im März stand das Düngen auf dem Getreidefeld an, und mein Vater dozierte: «Vor 170 Jahren hat Justus von Liebig festgestellt, dass man zusammen mit den geernteten Pflanzen auch die Nährstoffe, die vorher im Boden waren, vom Feld wegfährt. Und er hat gesagt, wer Ackerbau betreibt, der muss dem Boden das zurückgeben, was man ihm nimmt, sonst ist das Raubbau. Und das Zurückgeben von diesen Nährstoffen, von Stickstoff, Phosphor, Kali und so weiter, das ist das Düngen. Ich mach das zum Teil mit mineralischen Düngern, die kauf ich beim Raiffeisen, oder mit Gülle. Die kriegen wir vom Joe, also vom Joe seine Küh. Dem hab ich eine Wiese verpachtet, und wir haben ausgemacht, dass er den Pachtpreis in Form von Gülle bezahlt. Der fährt des dann auch bei uns aus.»

«Ach! Und das Gras von der Wiese verfüttert er an dieselben Küh?»

«Ja, deren Gülle kommt erst in seine Biogasanlage. Damit wird da Energie erzeugt, und das, was danach überbleibt, kommt auf die Felder. Der Joe fährt also eigentlich keine Gülle aus, sondern Gärsubstrat.»

«Und woher weißt du, was der da auf deinem Feld verteilt?»

«Der Joe nimmt vom Gärsubstrat eine Probe und schickt das an Agrolab, dieses Labor, wo auch unser Boden analysiert wird. Von denen kriegt er dann einen Zettel zugeschickt, wo genau draufsteht, was in dem Gärsubstrat drin ist, wie viel Stickstoff zum Beispiel und wie viel Phosphat. Da würde auch stehen, wenn Schadstoffe drin wären, also Schwermetalle zum Beispiel. Den Zettel gibt er mir dann, und mit dem berechne ich, was der Joe aufs Feld fahren soll, anhand von dem Ertrag der letzten Jahre, das geht auch wieder mit so einem Programm im Internet ...»

«Aber ... Also, ich versteh schon das mit den Nährstoffen, aber Gülle versaut doch auch das Grundwasser, nicht?»

«Grundsätzlich ist Düngen notwendig. Zu viel Düngen ist das Problem. Dann können die Pflanzen die Nährstoffe, also das Nitrat zum Beispiel, nicht mehr aufnehmen, und dann wäscht das der Regen weg, und es kommt in die Flüsse oder sickert durch den Boden ins Grundwasser. Und das kann auf lange Sicht ein Problem für die Trinkwasserversorgung werden. Drum ist es so wichtig, das genau auszurechnen, wie viel Gülle der Joe fahren soll. Wir sehen dann bei dieser Bodenuntersuchung auch, ob das wirklich gepasst hat. Das mach ich seit 30 Jahren, und der Georg und ich, wir haben auf unseren Flächen immer so 30 bis 40 Kilo mineralischen Stickstoff pro Hektar. Es gibt überdüngte Felder, die haben über 100. Das ist schon eigentlich kriminell. Das Problem sind die Landwirte, die zu viel Gülle fahren. Die schaden der Umwelt und dem Grundwasser. Und dem Ruf aller Bauern.»

«Und die fahren so viel Gülle, weil die so viel Viecher haben, die so viel scheißen?»

«Genau. Der Mist muss ja irgendwohin. Bei uns in der Gegend gibt es Tierbetriebe und Ackerbaubetriebe, da können die Bauern, die viele Viecher haben, relativ gut Acker dazupachten und die Gülle da loswerden. Der Joe zum Beispiel hat 120 Kühe, der ist froh, wenn er sein Gärsubstrat auf meine Wiesen und die Felder fahren kann. Und für mich ist das wertvoller als gekaufter Kunstdünger, weil im Gärsubstrat auch organische Substanz drin ist, und die ist wichtig für den Aufbau vom Humus im Boden. Die Gegenden, wo es vor allem große Tierbetriebe gibt, haben da ein größeres Problem. Die müssen ihre Gülle mit riesigen Tankern weit wegfahren, und das kostet viel Geld.»

«Oder die dürften halt nicht so viele Viecher halten, die so viel scheißen.»

«Ja klar. Die reinen Tierbetriebe stehen darum schon unter Druck, aber auch zu Recht.»

«Hmm.»

Wie fasst man das jetzt alles in einem Bildchen zusammen? Ich schaute wieder zur Elster aus dem Fenster und kniff die Augen zusammen. Ah, die war natürlich schon davongeflogen. Ich malte ein rotes, blumenähnliches Gebilde Ende

März in den Kalender und schrieb «Gülle Getreide» rein und darunter «Ausrechnen, Joe sagen», dahinter setzte ich ein Ausrufezeichen.

«Des Programm zeigst mir dann noch mal extra, oder?»

«Klar. Ich sag dann dem Joe, wie viel er fahren muss, und der stellt in seiner Maschine ein, wie viel pro Quadratmeter rauskommt. Er hat einen Schleppschuh, das ist so ein Gerät, mit dem er das Gärsubstrat direkt am Boden auf das Feld bringen kann. Wenn er kommt, fahr ich mit der Kreiselegge nach, um das sofort im Boden einzuarbeiten. Das ist wichtig, weil im Gärsubstrat ist Ammoniak drin, wenn das in die Luft entweicht, ist das wieder schlecht für die Umwelt, und außerdem muss das ja in den Boden, weil da ist das Ammoniak ja wertvoll.»

«Hmm-mm.»

Ich schrieb also noch «Kreiselegge» mit Bleistift dazu und versuchte, so leise wie möglich mit der Maus auf das Plus im Browser zu klicken, damit mein Papa nicht merkte, wie ich heimlich das Wort in Google tippte. Klick – es kamen sofort Bilder, ich hatte es also richtig geschrieben, wohooo! Allerdings kamen mir die Geräte mit den spitzen Nasen nach unten aber auch überhaupt nicht bekannt vor. Oder waren das die mit den Rollen? Kreiseleggen sind aber scheinbar Teile, die man hinten an den Bulldog anhängen soll. Ob wir so eins wohl im Stadl stehen haben? Oder war das wieder was, was der Papa vom Georg oder vom Maschinenring ausleiht?

Ich beschloss, mir beim nächsten Mal daheim die Geräte zeigen zu lassen, und wir machten weiter im Kalender.

Anfang April: «Gülle Mais», Mitte April: «Mais säen». Da, würde ich sagen, ist mir das Symbol am allermeisten misslungen. Ist das eine Geburtstagstorte oder was? Hmm. Zum Glück gab es keine Punkte auf künstlerische Fähigkeiten, da wäre ich glatt durchgefallen. Also wurscht, weiter gehts: Mai «Spritzen», Ende Juli «Wiese mähen», Anfang August «Getreide ernten», Mitte September «Mais ernten», Anfang Oktober «Weizen säen». Und dazwischen ständig kleine Bleistifteinträge, Ende September zum Beispiel «Stängel abmulchen, Ackern», im Dezember «Wege freischneiden» und im August «Senf säen» und so weiter, und so weiter.

Ich malte die Ernterei gelb und die Wiesen grün, und das Spritzen giftig pink. Dann holte ich einen Tesa aus der Schachtel im Regal und pappte das Kalenderding neben die Regale an die Wand. Schick. Also na ja, Optik höchstens 4+ und von den meisten Sachen, die da draufstanden, wusste ich weder, was man da genau machen musste, was ich selber da künftig würde machen müssen und um ehrlich zu sein auch nicht mal, warum man das alles macht – aber das war immerhin mal ein Überblick.

«Vielleicht könnt ma des dann der Reihe nach durchgehen? Zum Spritzen hab ich noch an Haufen Fragen. Und das mit dem Mulchen versteh ich auch ned. Was heißtn des eigentlich?»

«Weißt was», sagte mein Papa, «ich schreib dir mal was zam und schicks dir.»

Ohhh, Unterrichtsmaterial! Ich lächelte wahrscheinlich hörbar vor Glück und sagte «Super» und «Bis dann», und schon am nächsten Tag hatte ich ein Worddokument von meinem Papa im Postfach. Und damit Sie jetzt endgültig Teil des Seminars werden, kommt hier der Text meines Vaters zum Thema Mulchsaat. Also aufgepasst, es geht los:

Ich baue auf meinem Ackerfeld im Wechsel Getreide und Mais an. Der Wechsel ist wichtig für die Bodenfruchtbarkeit. Das Stroh vom abgeernteten Getreide häckselt der Mähdrescher direkt auf den Boden, da bleibt es liegen, und anschließend, An-

fang August, wird das Feld gepflügt. Auf das frisch gepflügte Feld
wird eine sogenannte Zwischenfrucht gesät (Senf und Ölrettich).
Diese Zwischenfrucht wird im Herbst noch 1 bis 1,5 Meter hoch.
Die Zwischenfrucht wird nicht abgeerntet, sie friert über den
Winter ab, und die Stängel werden im April zerkleinert. Der
Boden wird dabei nur einige Zentimeter tief bearbeitet, sodass
möglichst viel an der Oberfläche liegen bleibt, und das, was
da liegen bleibt, nennt man Mulch. Die Zwischenfrucht hat fol-
gende Funktionen: Der Senf/Ölrettich blüht noch im September
und wird an warmen Tagen von Insekten besucht, da summt es
nur so. Mit ihren Pfahlwurzeln durchgraben die Pflanzen den
Boden sehr intensiv, sie lockern die Erde und schaffen damit
gute Bedingungen für die Lebewesen darin. Sie schützen den
Boden vor Erosion, und die zerkleinerten, oberirdisch liegenden
Stängel sind ein gutes Futter für die Regenwürmer, und die
sind wichtig für die biologische Aktivität des Bodens und die
Humusbildung.

Gar nicht schlecht, oder? Also ich hab gleich ein bisschen
mehr verstanden und freute mich. *Das hilft, danke!*, schrieb ich
meinem Papa zurück – und von da an kriegte ich haufenweise
solcher kleinen Texte.

Da ging es einmal um das Maissägerät vom Joe, das die
Maiskörner exakt in eine Tiefe von sechs Zentimetern und in
einem Abstand von elf Zentimetern setzt, sodass pro Hektar
genau 83 000 Körner in der Erde landen (Wahnsinn, oder?).
Da macht so eine Scheibe eine kleine Rille ins Feld, Korn
rein, danach deckt das Gerät das gleich wieder zu. Mein Papa
schrieb, dass man den Mais deshalb Ende April säen muss, weil
da der Boden an der Oberfläche abgetrocknet, aber unter der
Oberfläche noch feucht ist, sodass die Körner zum Keimen die
richtige Feuchtigkeit haben. Und weil der Mais dann noch ge-
nügend Zeit hat zum Wachsen und zum Kolbenbilden bis zur

Ernte Ende September. Und er schrieb, dass er beim Weizen die Sorte «Spontan» und beim Roggen «Trebiano» nimmt, weil die am besten mit Krankheiten und Stürmen klarkommen, und beim Mais eine namens «P 0725», weil das eine spätreife Sorte ist, mit einem hohen Gesamtmasse-Ertrag, und damit war er die letzten Jahre sehr zufrieden gewesen.

Und dass mein Papa auf seinen Feldern das macht, was sich integrierter Pflanzenschutz nennt, was im Prinzip heißt: Um Pilzkrankheiten, Insekten und Unkräuter in Schach zu halten, macht er erst einen Haufen anderer Dinge, und nur wenn das alles nicht hilft, wird gespritzt.

Er mulcht also die Maisstängel auch, damit der Maiszünsler darin nicht überwintern kann, und damit es weniger Infektionen gibt, baut er Getreide, Mais, Raps und Klee nicht jedes Jahr am selben Feld an, sondern immer im Wechsel (das nennt sich Fruchtfolge), er baut Sorten an, die extra so gezüchtet worden sind, dass sie resistent sind gegen einige Krankheiten, und so weiter.

Wenn man dann am Ende doch Spritzmittel hernimmt (da wurde mein Papa jetzt wieder recht streng in seiner Wortwahl), ist es sehr, sehr wichtig, sich an die Vorgaben zu halten, die in der Gebrauchsanweisung stehen. *Da muss man genau auf die angegebenen Dosierungen schauen und darauf, was zu den Wartezeiten bis zur Ernte drinsteht! Und man muss prüfen, ob das Mittel noch zugelassen ist!*

Uiuiui, da ist mir schon von den vielen Ausrufezeichen ein bisschen mulmig geworden, aber dazu hat mir mein Papa noch eine krasse Geschichte aus dem *Wochenblatt* erzählt, passen Sie auf: Da haben vor ein paar Jahren einige Betriebe in der Gegend ein Pflanzenschutzmittel hergenommen, das nicht für den Hopfen zugelassen war. Damals war wohl ein sehr schlechtes Jahr, es gab viel Hagel. Und die Bauern hatten

Angst, dass die Pflanzen dadurch zu schwach waren und von dem her anfälliger für Peronospora, einen Pilz, und ein paar Bauern haben für alle Fälle etwas dagegen gespritzt. Die Hopfenhändler aber nehmen von allen Lieferungen Rückstellproben und haben recht schnell gemerkt, dass da etwas Verbotenes drin war, und haben die Lebensmittelbehörden informiert. Der Hopfen wurde vernichtet, und die bescheißenden Bauern mussten nicht nur das Geld, das sie für ihren Hopfen gekriegt hatten, zurückzahlen, sie wurden auch noch angezeigt, steckten in Gerichtsverfahren, und einige von ihnen standen kurz vor dem Ruin.

Merke also: Immer auf dem neuesten Stand bleiben, was grad erlaubt ist und was nicht – und ebendas erfährt der Papa aus einem Ding namens «Beratungsfax». Das ist natürlich kein echtes Fax mehr, sondern ein PDF in einer E-Mail vom Erzeugerring für Pflanzenbau Niederbayern, das mir mein Papa auch bald jeden Monat weiterleitete.

Das ist ganz interessant, da steht zum Beispiel, aufgrund welchen Wetters sich gerade welche Krankheiten oder Schädlinge auf den Feldern ausbreiten und was man dann der Reihe nach alles dagegen machen könnte (merke neue Vokabel: Feldhygiene).

Ich lernte auch, dass wir offenbar tatsächlich eine eigene Kreiselegge im Stadl haben, die aber nur zur einen Hälfte meinem Papa gehört und zur anderen meinem Cousin Georg. Dass das Pflanzenschutzgerät – also die Spritzmaschine – zu einem Drittel meinem Papa und zu zwei Dritteln dem Georg gehört und dass solche Gemeinschaftskäufe für ihn ganz normal sind. Und dass manche Geräte, wie der Holzspalter im Stadl, überhaupt wem anders gehören, in diesem Fall der Jagdgenossenschaft, wo er und der Georg Mitglied sind.

Und dass mein Papa einen Mischwald aus Kiefern und

Fichten, Buchen und Eichen hat und dass er vor 50 Jahren die ersten Laubbäume zwischen die Kiefern gepflanzt hatte.

Und auch, warum ihm irgendwo links hinten beim bayeri- schen Staatsforst noch ein Hektar Wald gehört. Das hat mit der «Forstrechtentschädigung» zu tun. Dazu schrieb mein Papa:

Bis vor 200 Jahren hatten die Bauern ein im Grundbuch verbrieftes Recht, im Staatswald Holz zu entnehmen und am Boden liegende Nadeln der Bäume aufzusammeln und als Einstreu für die Kühe zu verwenden. Dem Staat war das lästig geworden, weil die Bauern dabei wohl auch einiges kaputt gemacht haben, und er wollte die Bauern loswerden. Um das zu erreichen, bekam jeder «Rechtler» als Entschädigung 1 ha Wald. Also gibt es heute am Rande des Staatsforstes bei uns ein Waldgebiet mit nebeneinander vielen Waldstreifen, die sind jeweils 330 Meter lang und 30 Meter breit. Auch ich habe so einen Streifen im Grundbuch eingetragen: Flurnummer 1732.

Und zwischen all der Theorie und den historischen Ausführungen über die Landwirtschaft in unserer Gegend fand ich auch diesen Absatz:

Insgesamt hat der Wald bei uns Bauern einen sehr hohen Stellenwert. Für mich ist es immer eine Freude, durch den eigenen Wald zu gehen und das Wachsen und Entwickeln der Bäume zu verfolgen. Auch wenn ich oft auf Schaderreger kontrollieren muss, so überwiegt bei Weitem das positive Erleben des eigenen Waldes.

Warum mein Papa mir das untergeschoben hat, hab ich mich schon gefragt, aber ich überlasse diesen Gedanken mal Ihnen. Bei mir jedenfalls hat es funktioniert.

Grünes Gold

Am Haus meiner Eltern klebt ein Gebäude, das ein bisschen aussieht wie ein abgesägter Kirchturm, den man zwischen dem Wohnhaus und dem Stadl verstecken wollte. Früher wurde dadrin Hopfen getrocknet, Sie wissen schon, dieses Gewächs, bei dem die Früchte aussehen wie hellgrün angemalte Tannenzapfen. Das klebrige gelbe Pulver in den Dolden braucht man zum Brauen, es macht das Bier bitter und haltbar, und überhaupt sorgt es dafür, dass es schmeckt. Für meinen Papa ist der Hopfen viel mehr als nur eine grüne Pflanze. Der Hopfen hat ihm das Studium finanziert – und mein Elternhaus.

Ach so, das hab ich ja noch gar nicht erwähnt: Ich komme aus der Hallertau. Das ist eine Gegend, in der sehr viel Hopfen angebaut wird, tatsächlich gehört die Hallertau sogar zu den größten Hopfenanbaugebieten der Welt und ist womöglich überhaupt der Ursprung des Kulturhopfens, denn hier wächst er seit über tausend Jahren auf den Feldern. Der Hopfen hier ist nicht nur der beste Hopfen überhaupt (ist ja klar), er brachte den Bauern auch viel Geld. Entsprechend sind die Hallertauer Bauern stolz, und es gibt etliche Traditionen um das Gewächs. Wir haben viele Brauereien in der Region, die Hallertauer Tracht und Hallertauer Tänze und Hallertauer Lieder und, und, und. Auch ich hab als Kind viel Zeit musizierend im Hallertauer Volkstrachtenverein verbracht, aber da wollen wir jetzt lieber nicht näher darauf eingehen. Im Sommer jedenfalls, wenn man in der Hallertau über die Landstraßen fährt, sieht man überall rechts und links diese Felder, auf denen die grünen Pflanzen schlangenartig an Drähten hoch in den Himmel wachsen, die Hopfengärten. Und wenn der Hopfen geerntet wird, rattern ständig riesige Bulldogs mit den Pflanzen hintendrauf durch die Dörfer und verlieren dabei viele kleine Drähtchen, darum darf man bei uns in der Hopfenerntezeit nicht mit dem Fahrrad herumfahren, weil man dann einen Platten kriegt. Die Bauern brettern mit ihren Traktoren schnell nach Hause, um den Hopfen zu zupfen und die Dolden dann in eben diesen großen Öfen zu trocknen, wie auch mein Elternhaus einen hat, und wenn sie das machen, riecht es von überallher süßlich-klebrig.

Was genau meine Familie alles tun musste für das Haus, in dem ich aufgewachsen bin, für die Ausbildung meines Papas, was es also damals bedeutete, Hopfenbauer zu sein, das wurde mir erst so richtig klar, als ich einmal vor einer Weile mit meinem Papa und meinen beiden Tanten Rita und Mathild bei meiner Tante Rita in der Küche saß und sie von früher erzählten. Da bin ich aus dem Staunen gar nicht mehr herausgekommen, passen Sie mal auf:

Damals, als die fünf Geschwister Jugendliche und junge Erwachsene waren, da ging das schon im Frühjahr los. Morgens um sieben mussten sie (wenn sie mit der Stallarbeit fertig waren, also mit dem Melken der Kühe und dem Ausmisten, wenn sie die Kühe auf die Weide getrieben und den Klee für das Futter gemäht hatten) zum ersten Mal die zwei Kilometer zum Hopfenfeld marschieren. Damals gehörten zum Hof 3200 Hopfenstöcke, also 0,8 Hektar Hopfengarten. Sie haben dort die Erde um die Hopfentriebe vom Vorjahr mit einer Hacke weggehauen, dann die Triebe weggeschnitten, damit neuer Hopfen gesund wachsen konnte. Hieß bei jedem der 3200 Stöcke: hauen, bücken, schneiden, aufstehen. Danach mussten sie schmale Eisenpflöcke zu jeder Pflanze in den

Boden bohren und einen Draht herumwickeln und dann die andere Seite des Drahtes mit einer langen Stange an dem dicken Draht festmachen, der wie eine Wäscheleine von Stange zu Stange am Hopfengerüst lief, sieben Meter über ihnen. Um diese 3200 Aufleitdrähte alle aufzuhängen, haben die drei damals 14 Tage gebraucht. Einmal haben sie ein neues Stangl-System gekriegt, und da ist ihnen der Draht immer wieder von oben runtergefallen, und es hat ewig gedauert, bis sie das hingekriegt haben. Da haben sie vielleicht geflucht, so die Überlieferung. Aber nach 3200 Drähten kam das Hopfenausputzen, das hieß, sie mussten sich zu den Stöcken jetzt wieder jeweils auf den Boden setzen und die Triebe, die man nicht brauchen konnte, rausziehen und dann diejenigen, die wachsen sollten, das waren vielleicht zwei oder drei, um den Draht nach oben herumdrehen, sodass der Hopfen da in Ruhe drum herum raufwachsen konnte. Da hat vielleicht jeder an einem Nachmittag eine Reihe geschafft, bei knapp 40 Reihen haben sie dafür wieder 14 Tage gebraucht. Und wenn das fertig war, mussten sie gleich wieder von vorne anfangen, weil da wuchsen dann schon wieder Triebe raus. Also hinknien, ausrupfen, wegwerfen, aufstehen, weitergehen.

Und dann ging es direkt weiter, weil jetzt mussten sie den Hopfen gegen einen Pilz spritzen. Die Spritze war ein Eisenfass auf vier Rädern, das von einem Pferd durch die Hopfenreihen gezogen wurde. Zwei der Geschwister hatten da so ein Rohr in der Hand, aus dem das Gemisch mit Druck herauskam, und sie mussten rückwärts durch den Hopfengarten gehen und dabei immer so hochschauen, damit sie mit dem Gemisch auch die Pflanze ganz oben trafen. Abgesehen davon, dass sie die ganze Zeit schauen mussten, dass sie nicht von dem herabtropfenden giftigen Mittel getroffen wurden, war das auch wahnsinnig anstrengend für den Nacken. Schauen Sie mal stundenlang sieben Meter in die Höhe und gehen dabei vorsichtig rückwärts, das ist bestimmt kein Spaß.

1960 haben sie dann aber auf dem Hof den ersten kleinen Bulldog gekriegt, einen 10-PS-Holder, Reifen mehr so knie-hoch. (Falls Sie sich zur Einschätzung meiner Größenangaben übrigens einmal gefragt haben, wie hoch ich eigentlich bin: 163 Zentimeter.) Der Holder zog jetzt die Spritze durch das Hopfenfeld, und auf der Spritze konnte man draufsitzen und die Spritzpistole dann so nach oben halten, das war schon ein Riesenfortschritt für alle Beteiligten. Den Bulldog haben sie zwar auch einmal umgeschmissen, doch zum Glück ist nichts passiert – sie haben ihn wieder aufgestellt und sind einfach weitergefahren. Und immer, wenn sie damit vom Feld zurück zum Hof fahren wollten, mussten sie da an der Bundesstraße extra viel Gas geben, weil das ging so einen kleinen Hügel hoch damals, und da musste man Schwung holen, damit der Holder den hochschaffte. Und wenn sie oben auf dem Hügel waren und auf der Straße kam ein Auto, war alles beim Teufel, dann mussten sie ja bremsen und dann mit dem Holder wieder zurückrollen und noch mal Schwung holen.

Das hat jetzt nichts mit dem Hopfen zu tun, das weiß ich schon, aber über solche Bulldog-Geschichten freute ich mich natürlich, Sie wissen, warum. Und überhaupt lachten die drei viel, als sie von früher erzählten und von ihrer Arbeit. So klang das alles gar nicht nur nach elendiger Plackerei, die es bestimmt war, sondern auch nach viel Spaß und irgendwie auch nach geschwisterlichem Zusammenhalt.

Dann jedenfalls, Ende August, wenn all das geschafft war, dann begannen überhaupt die aufregendsten Zeiten auf dem Hof. Weil dann kamen die Hopfazupfa.

Das waren jedes Jahr 12 bis 15 Frauen und Mädchen, die hat der Papa oder der Opa mit dem Bulldog und einem Anhänger dran im Nachbarort vom Zug abgeholt. Sie bekamen auf dem Hof ein Schlafquartier, das war ein großer Raum oben im Austraglerhaus. Für jede gab es einen großen Strohsack und eine Decke, und da wohnten sie dann 14 Tage lang.

Jeden Tag in der Früh, wenn die Sonne aufging, sind die Hopfazupferinnen in die große Wohnküche gegangen zum Frühstücken, es gab Kaffee und Brot mit nix, dann sind sie hinausmarschiert in den Hopfengarten, und alle Kinder, die gerade nicht kochen oder putzen oder melken oder Heu machen oder mähen oder Erdäpfel ernten oder die Kühe des Dorfs zusammentreiben und auf die Wiesen unten am Fluss treiben mussten, sind auch mitgegangen oder kamen nach. Jede Zupferin hat sich auf einen Holzschemel gesetzt, und mein Papa hat ihnen mit einer langen Stange eine Hopfenpflanze vom Draht oben herabgerissen. (Das war überhaupt sein Job über den ganzen Tag hinweg, jeder Hopfazupferin was zum Zupfen zu besorgen – er war das, was sich bei der Zupferei der Hopfenmeister nannte.)

Von der Pflanze haben die Hopfazupfa die Dolden einzeln heruntergestreift und in einen großen Weidenkorb geworfen. Ich hab das auch mal gemacht als Kind und kann Ihnen sagen: Das ist vielleicht eine Fieselarbeit. Nach zehn Dolden war mir damals das Gepikse an der Hand schon zu viel, und ich hab den Hopfenstock von meinem Schoß geschmissen und mich wieder dem Fußballspielen oder dem Sandumgraben oder dem Fernseher gewidmet.

Die Hopfazupfa aber mussten ja damit ihr Geld verdienen, sie saßen also den ganzen Tag draußen, bis die Sonne unterging, und zupften und zupften. Wenn ein Korb voll war, schütteten sie den in einen eisernen Behälter, einen Metzen, der fasste 60 Liter. Für jeden vollen Metzen gab mein Papa den Zupferinnen eine Blechmarke, danach wurden sie später

bezahlt. Pro Marke haben sie am Ende eine Mark oder zwei gekriegt, je nachdem, was sie vorher ausgehandelt hatten. Gute
Zupferinnen schafften elf Metzen am Tag, normal schnelle
acht oder neun.

Den Hopfen eines Metzens hat mein Papa dann in einen
großen Sack geschüttet und die Säcke oben zugebunden, und
mein Opa hat die Säcke nach und nach abgeholt.

Das erste Mal kam er um neun mit Bulldog und Wagen zum
Feld raus und lud alle fertig gepackten Säcke auf. Dabei brachte
er auch die erste Brotzeit für die Zupferinnen mit, ein paar Laib
Brot und Wasser oder Limo. Das nächste Mal kam er um zwölf,
da hatte er dann in Töpfen und Schüsseln das Mittagessen
dabei. Da gab es mal Schweinebraten mit Knödel und Soße
oder Rinderbraten mit Blaukraut oder riesige Apfelstrudel. Die
Zupfa nahmen die Teller auf ihren Schoß und aßen direkt da,
wo sie saßen, auf den Schemeln, und wenn sie fertig waren
mit dem Essen, machten sie gleich weiter. Die dreckaden Teller
und Töpfe und Gabeln nahm der Opa zusammen mit den
Hopfensäcken wieder mit heim, und diejenige der Schwestern,
die an dem Tag zum Helfen in der Küche verdonnert worden
war (oder auch, ich zitiere: «die Arschkarte gezogen hatte»),
musste den ganzen fettigen Baatz von den Töpfen und Tellern
und Messern und Gabeln abschrubben.

Um drei tauschte der Opa dann zum letzten Mal eine Brotzeit gegen Hopfensäcke aus. Daheim wurde der ganze Hopfen
aus den Säcken sofort getrocknet, in eben dieser Hopfendarre,
sonst wäre er verdorben (das ist heute auch noch so). Dafür
hatte mein Opa schon in der Früh ganz unten drin im Turm
in einem Ofen ein Feuer gemacht, die Säcke hat er dann der
Reihe nach raufgetragen, ganz nach oben, in den Dachboden
des Wohnhauses. Von da aus konnte er über eine Eisentür in
den Turm hineingehen, auf eine schmale Brücke, und da den

Hopfen auf ein breites Gitter schütten. Durch so einen Kipp-mechanismus fiel der Hopfen von Gitter zu Gitter, und am Ende landete er auf einem Spezialgitter namens Schuber, das man wie eine große Schublade aus dem Turm herausziehen konnte. Die Riesenschublade gibt es heute noch, und wenn man sie rausholt, kann man in den Turm runterschauen. Da wird einem aber ein bisschen schwindelig, denn der Turm ist 14 Meter hoch. So jedenfalls ist der Hopfen damals trocken geworden.

Später in den Sechzigern hat mein Opa dann einen Seil-aufzug gebastelt, damit sie die Säcke nicht immer einzeln hochschleppen mussten, und er hat unten einen Ölbrenner reingestellt, der die Luft erwärmt.

Am Abend, so um sieben, hat der Opa schließlich auf dem Feld die restlichen Säcke und alle Zupferinnen eingesammelt und ist mit allen heimgefahren. Die Hopfendarre lief oft noch bis tief in die Nacht, bis aller Hopfen getrocknet war, die Zup-ferinnen und die Kinder des Hauses aber hatten Feierabend. Sie bekamen noch mal eine Brotzeit, und danach stellten sich alle bei der Oma am Küchentisch auf, und sie schrieb in ein kleines Buch, wer wie viele Metzen an dem Tag geschafft hatte. Donnerstag: Mayer Marianne, 8 Metzen, Huber Erika, 9 Metzen, und so weiter. Am Ende der 14 Tage wurde dann abgerechnet, und jede hat ihr Geld gekriegt. In der ganzen Zeit haben die meisten so 120, 150 Mark zusammenbekommen, das war für damals, in den Fünfzigern, viel Geld. Vor allem weil sie in der Zeit ja nichts für Essen und Wohnung bezahlen mussten.

Das Zupfen fand fast bei jedem Wetter statt, es war also entweder sehr heiß oder schon wieder saukalt, oder es reg-nete den ganzen Tag. Da haben sich die Zupferinnen dann ein bisschen mehr angezogen oder einen Schirm mitgenommen, aber es ging trotzdem weiter. Mühselig war das schon, und manchmal waren bei den Zupferinnen ein paar grantige alte Frauen dabei, erzählten meine Tanten und der Papa. Welche, die immer recht bissig auf die schauten, die mehr Metzen geschafft hatten, und ein bisschen meckerten, wenn am Sonntagnachmittag von den jüngeren Zupferinnen die Freunde auf den Mopeds daherkamen, ihnen beim Zupfen halfen, sodass die jungen noch ein paar mehr Metzen schafften als die alten Frauen. Aber im Großen und Ganzen war es mit de Hopfazupfa immer lustig, sagt der Papa.

Auf dem Feld draußen wurde viel geratscht, und sie haben lustige Geschichten erzählt und Lieder gesungen, alte Fußballlieder zum Beispiel und «Es war a mal a Holzknecht so stolz». Die Tante Mathild ist die jüngste der fünf Geschwister, und die Oma hat sie in der Früh manchmal ausschlafen lassen. Das hat sie so geärgert, dass sie mit 14 rübergezogen ist zu den Hopfazupferinnen und bei ihnen auf einem Strohsack übernachtet hat, damit sie ja in der Früh geweckt wird und genauso viele Metzen schafft wie sie und überhaupt, damit sie nichts verpasst.

An ein Jahr erinnern sich die drei besonders gut, da war mein Papa ungefähr 16, und es waren nur junge Hopfazupferinnen gekommen, alle auch ungefähr so alt. Da haben sie während der Arbeit viel gesungen und geratscht, und abends nach Feierabend sind sie ins Wohnzimmer gegangen, haben den Plattenspieler angeworfen, die Nachbarn sind gekommen, und sie haben gesungen und getanzt.

Am Ende der 14 Tage gab es für alle zum Abschluss ein Essen, das «Hopfenmahl». Danach hat jede ihr Geld gekriegt, und dann hat wieder irgendwer die Zupferinnen zum Zug gebracht.

Wenn der ganze Hopfen gedarrt war, wurde er verkauft, dafür kamen zuerst die Aufkäufer der Handelsfirma vorbei und danach die Hopfentreter mit ihren riesengroßen braunen Säcken. Die Säcke haben sie oben im Dachboden in ein rundes Loch im Boden gehängt. Dann haben sich die Händler den Hopfen genau angeschaut, ob er auch gut getrocknet war und nicht zu viele Blätter und Stängel drin waren. Wenn er genehm war, haben sie ihn mit großen Besen in den Sack gekehrt, und dann ist einer der Treter reingehüpft und hat den Hopfen stampfend zusammengepresst. Danach ist wieder was draufgekehrt und gehüpft worden. 20, 30 solcher Säcke haben sie auf dem Hof jedes Jahr zusammengekriegt.

Wenn der Sack voll war, hat der Helfer vom Treter den Sack oben zugenäht, und dann durften die Hopfenbauern zur offiziellen Abwaage fahren. Dort wurden die Säcke von einem vereidigten Waagmeister gewogen, und die Bauern kriegten eine Liste: 20 Säcke zu je 75 Kilo oder so ähnlich. Erst danach durften sie den Hopfen in das Lager der Firma fahren.

Aber das Ding an dem Geschäft war damals: Die Preise, die man für den Hopfen gekriegt hat, schwankten sehr stark. Mal gab es für einen Zentner (also 50 Kilogramm) 140 Mark und mal für dasselbe 1000 Mark. Das war von Jahr zu Jahr unterschiedlich, aber der Preis konnte sich auch schon in ein paar Tagen ändern. 1957 zum Beispiel haben sie von ihren inzwischen 5000 Hopfenstöcken 48 000 Mark eingenommen, 1958 von der gleichen Fläche und der gleichen Hopfensorte 24 000 Mark und 1959 nur noch 8000 Mark. So unterschiedlich waren damals die Preise.

Heute haben viele Hopfenbauern Verträge über mehrere Jahre mit festgelegten Liefermengen und festgelegten Preisen. Damals aber mussten die Bauern immer ein bisschen spekulieren, vielleicht nicht alles gleichzeitig verkaufen, sondern ein paar Säcke daheim liegen lassen und warten und hoffen. Da gab es welche, die haben jeden Sack einzeln verkauft, und welche, die haben lange gewartet, und dann hatten sie halt Glück oder nicht.

Beim Essen damals, in Gesprächen mit den Nachbarn oder mit den Händlern – in der Zeit nach der Hopfenernte sei es um nichts anderes gegangen als darum, wie viel der Hopfen jetzt gerade kostet. «Der Hopf ist ein Tropf», hat mein Papa öfter gesagt, «wer ihm traut, den packt er beim Schopf. Ich hab ihm trotzdem getraut, und er hat mir ein Haus gebaut.»

Und genau so war es.

1950 hat mein Opa im Herbst das Geld gezählt und gesagt: «Es könnt für ein neues Haus reichen.» Also sind alle aus der Familie für drei Monate in den Pferdestall gezogen, und die Pferde in den Kuhstall. Dann haben sie das Haus abgerissen. Die Kinder haben von den alten Ziegelsteinen den Mörtel heruntergehauen und in der Kiesgrube Kies für einen neuen gesiebt, dann haben sie für einen Ochsen noch ein paar neue Steine bekommen und haben daraus mit vielen Helfern ein neues Haus gebaut. Das hat damals insgesamt 8000 Mark gekostet – unglaublich, oder?

Das Haus steht heute noch, und ich bin darin aufgewachsen.

1964 hat mein Opa eine Pflückmaschine gekauft, dann war Schluss mit den Zupferinnen.

1968 ist mein Papa zur Uni gegangen und hat studiert.

Und 1976 hat er dann überhaupt aufgehört mit dem Hopfen. Die Technik war veraltet, und er hätte viel Neues kaufen müssen, was er nicht wollte. Auch, weil der Hopfen zwanzig Mal so viel Arbeit macht wie zum Beispiel der Getreideanbau, sagt der Papa.

Aber von 1968 bis 1976 hatte er keine Investitionskosten, den Gewinn vom Hopfen konnte er also direkt hernehmen, und so hat er sich sein Studium finanziert.

Die Liebe zum Hopfen hat deshalb nicht aufgehört. Mein

Papa hat ja Agrarwissenschaft studiert und bis zur Rente in der bayerischen Landesanstalt für Bodenkultur und Pflanzenbau in der Abteilung Hopfen gearbeitet. Da haben sie die Hopfenbauern im Anbau beraten und auch mal Versuche gemacht, ob der Hopfen auch gut wächst, wenn man ihn nicht mehr an diesen elendig langen Drähten aufhängt (da wächst er nicht so gut). Aber eine Zwischenfrucht auf dem Hopfenfeld zwischen die Reihen anbauen, haben sie herausgefunden, das bringt wieder sehr viel, nämlich für die Bodenfruchtbarkeit.

Mein Papa war im Libanon und hat versucht, den Landwirten dort das Hopfenanbauen beizubringen, er besuchte Hopfenbauern in Japan und in den USA und in Slowenien und, und, und.

Mit 14 hatte ich einmal einen Ferienjob bei meinem Papa im Institut. Da waren wir jeden Tag auf einem anderen Bauernhof und mussten die Hopfendolden und Blätter wiegen, und danach haben wir in der Küche der Bauern dann Schweinebraten und Knödel zum Essen gekriegt. Das fand ich toll.

Vor ein paar Jahren hat mein Papa eines seiner Felder neu verpachtet, und er hat sich extra einen Bauern gesucht, der da wieder einen Hopfengarten machen wollte. Der Landwirt hat mit dem Feld vom Papa insgesamt 90 Hektar Hopfen – er baut also mehr als hundert Mal so viel Hopfen an wie mein Papa früher.

Einmal sind wir zur Ernte bei ihm in der Maschinenhalle gewesen und haben zugeschaut, wie der Hopfen gezupft und getrocknet wird. Da kam ich mir ein bisschen vor wie in der Zahnradfabrik aus Charlie Chaplins «Moderne Zeiten».

Die Halle, in der der Hopfen gepflückt, getrocknet und gepresst wird, ist so groß, da würde ein Flugzeug hineinpassen, mit einem riesigen silbernen Zahnradmonster in der Mitte. Überall daran dreht sich was und rattert, die Hopfendolden wandern über viele verschiedene Förderbänder rauf und rein und runter und wieder raus, dann wird der Hopfen auf ein riesiges breites Gitter gekippt, dann ruckelt wieder was, und dann fallen die Dolden auf das nächste Gitter, dann gehts wieder runter in große Trichter und direkt in die Säcke. Irgendwo oben auf einem Holzplateau stand der Chef am Computer und steuerte von da aus alles. Und oben in der Darre war es warm wie in der Sauna.

Hopfen aus der Hallertau, erzählte mir mein Papa da, ist heute so gefragt wie nie, wegen dieser ganzen neuen IPA-Biere. Die brauchen im Brauprozess nämlich zehn Mal so viel Hopfen wie andere Biere. Und weil aus der Hallertau ja der beste Hopfen der Welt kommt (hab ich das schon erwähnt?), schreiben die ganzen hippen Craftbrewer heute gerne auf ihre bunten Bierdosen «mit Hopfen aus der Hallertau» drauf oder die Hopfensorte, die sie hergenommen haben, also «Hallertauer Mittelfrüher», «Hallertauer Magnum» und so weiter.

Ich weiß noch, wie mich vor ein paar Jahren ein Kellner in San Francisco mit offenem Mund angeschaut hat, als ich ihm erzählt habe (fragen Sie mich nicht, wieso), dass ich da herkomme, aus dieser Gegend, die 30 Mal in seiner Bierkarte erwähnt wird. Da hat er gleich seinen Kollegen geholt und ihm das auch erzählt, so hip war ich plötzlich.

Seit fünf Jahren jedenfalls wächst auf dem Land meines Papas wieder Hopfen, und zwar genau da, wo er auch vor 50 Jahren schon gewachsen ist.

Mein Papa fährt jeden Tag dran vorbei, fragt den Pächter nach Schädlingen und nach dem Ertrag, und wenn es gut läuft, dann freut er sich.

Man will ja, dass aus dem eigenen Land was Vernünftiges wird, sagt er.

Achtuuuuuung!

Motorsägen sind schon krasse Veranstaltungen. Da klemmst du dir einmal das Ding zwischen die Beine, ziehst an einer Schnur, und schon kannst du dir in einer Sekunde dein Bein entfernen. Oder eine Hand oder einen Finger. Oder natürlich einen Baum zum Umfallen bringen, dafür sind die Geräte auch eher empfohlen als für operative Zwecke. Ich hatte bisher noch nie eine Motorsäge in die Hand genommen, aber wer einen Wald hat, sagte meine große Schwester, der muss wissen, wie man mit Kettensägen umgeht, weil damit fällt man Bäume. Im gleichen Telefonat sagte sie auch: «Ich mach jetzt mal einen Motorsägenkurs. Machst mit?»

Hu, da war ich schon kurz am Überlegen. Elli hatte natürlich recht, sich mit diesen Dingern zu beschäftigen, schließlich wäre sie ja wie ich bald Waldbesitzerin. Zu dem Zeitpunkt dachten wir nämlich darüber nach, ob unser Papa uns das Land vielleicht als Eigentümergemeinschaft übergeben könnte, sodass mir dann nicht drei Wiesen oder Acker oder Bäume gehören würden und den anderen zwei oder eine, sondern uns allen alles, aber zu bestimmten, noch auszuklamüsernden Prozentsätzen.

Womöglich würden wir also künftig zwar nicht jeden Winter selber die Bäume umsägen müssen, aber mithelfen sollten wir können – und uns zumindest darüber im Klaren sein, was der Georg oder der Papa oder wer auch immer da im Wald eigentlich machen. Ellis Kursidee machte also Sinn. Allerdings mag ich meine Finger und meine Beine ganz gerne und gedenke, sie noch ein paar Jahre zu behalten. Gleichzeitig sind diese Sägen aber auch ganz schön cool, groß und laut und böse, und – zack – schon saß ich mit Elli in aller Herrgottsfrühe in ihrem schwarzen Volvo, und wir fuhren Richtung Murnau in Oberbayern, denn da gibt es den Herrn Unland mit seiner Kettensägenschule. Der stand am Dorfparkplatz in Eschenlohe und lächelte uns entgegen, obwohl wir eine halbe Stunde zu spät daherkamen (Stau in München, hätten wir auch vorher wissen können). Herr Unland hieß dann gleich Johannes und war beruhigenderweise körperlich vollständig, kurze Haare, glatt rasiert, ganz in Orange gekleidet. Er winkte uns zu seinem großen schwarzen Bus.

«Ihr könnts mit mir mitfahren», sagte er und zog die Schiebetür auf. Drinnen waren zwei rote Plastikkisten, gefüllt mit dicken Schuhen und Hosen, ein paar orangefarbene Helme und viel Sand und Holzsplitter.

Elli packte ihre Mitbringsel aus dem Kofferraum – sie hatte tatsächlich schon so ein Gerät zu Hause gehabt, und auch einen von diesen roten Helmen und ein Paar Schuhe mit Stahlkappen und eine Hose, durch die man nicht durchschneiden kann. Wobei so richtig wundert mich das nicht. Elli hatte, glaub ich, schon immer ein Faible für laute Geräte und schwere Handwerke. Sie hat einen Schmiedekurs gemacht, einen Schweißkurs und einen Schreinerkurs. Und außerdem fährt sie gerne mit Lederjacke und Bikerboots große Motorräder durch die Gegend und singt in einer Heavy Metal Band, was jetzt nur gefühlt thematisch zusammenpasst, aber ich wollte das hier trotzdem mal erwähnt haben.

Elli jedenfalls schob alles auf die hintere Sitzbank, setzte sich dazu, ich kletterte vorne rein, Tür zu, los gings.

Wir fuhren über geschotterte Straßen vorbei an grünen Wiesen mit alten Holzhütten drauf, hinein in einen Wald. Also eigentlich: hinauf in den Wald. Denn anders als bei uns in

Niederbayern war es hier so kurz vor den Alpen ganz schön hügelig. Je weiter nach oben wir krochen, desto felsiger wurde es. Ich schaute aus dem Fenster und staunte. Dass die Bäume da auf diesen Steinen überhaupt wachsen konnten? Da gab es welche, die ihre Wurzeln um einzelne Felsbrocken herumstreckten, als hätten sie versucht sich draufzuhocken. Und andere, die sich scheinbar ganz ohne Erde unter ihren Wurzeln komplett auf einem Stein in die Höhe gekämpft hatten.

Johannes hielt vor einem braunen, zirkuswagenartigen Dings, und wir stiegen aus. Die Luft war hier zwischen den Bäumen auch gleich wieder ein bisschen feuchter und kühler, und es roch nach Moos und ein wenig nach verbranntem Holz, aus dem Zirkuswagen stieg Rauch auf.

«Ich hab schon mal eingeheizt», sagte Johannes.

«Hat der Kurs gestern zu viel umgeschnitten?»

«Keine Sorge, es ist noch genug Wald für euch zum Niedermachen da. Aber bevor ich euch an die Sägen lass, müssen wir noch ein paar Sachen besprechen. Und hier draußen wirds auf Dauer zu kalt. Ich rauch noch eine, aber ihr könnts ja schon reingehen.»

Ein bisschen enttäuscht zog ich die Tür auf. Ich hätt schon lieber gleich losgelegt, aber gut.

Drinnen war ein kleiner Holzofen, zwei Bänke und ein Holztisch, und darauf lagen zwei grüne Heftchen, und jetzt war ich fast noch enttäuschter. Irgendwie wirkte das alles doch mehr wie ein Lehrgang als wie Sägeaction. Elli und ich sahen uns kurz an, und ich vermute, sie dachte dasselbe: Hören wir uns das schnell an und dann ab an den Baum.

Wir also auf die Bank, Johannes kam rein und setzte sich gegenüber.

«Also. Warum seids ihr hier?», fragte er.

«Ja, also, unser Vater will jetzt die Landwirtschaft übergeben, und da gehört auch Wald dazu. Nicht viel, insgesamt hat er vielleicht zwei Hektar ...»

«So viel haben private Waldbesitzer in Deutschland im Durchschnitt.»

«Ach ehrlich?», sagte ich. «Krass, ich dachte immer, das sind viel mehr.»

«Und ihr kriegts den jetzt?»

Wir nickten.

«Hat denn eine von euch schon Erfahrung mit der Waldarbeit?»

«Na ja», sagte Elli. «Mein Mann und ich, wir haben uns eine Weile um den Wald meiner Schwiegermama gekümmert. Inzwischen hat sie ihn verkauft.»

«Also ich hab mehr oder weniger null Erfahrung. Ich war zwar jetzt grad mit meinem Papa im Wald beim Markieren, aber sonst war ich so mit fünf das letzte Mal dabei, und auch noch nie beim Umschneiden oder so.»

«Und weißt du die Farben noch?»

«Welche Farben?»

«Mit denen ihr markiert habt? Die solltest du dir merken. Neulich hat mich einer angerufen, der hatte gerade versehentlich alle Zukunftsbäume weggeschnitten und die Bedränger stehen gelassen.»

«Hhhhhhhh», machten Elli und ich gleichzeitig und rissen die Augen auf. Oh Gott. Die falschen Bäume abgesägt, die schönen gesunden, die Bäume der Zukunft, die wachsen sollen! Und die kranken und schiefen stehen lassen. Stellen Sie sich das mal vor, da ist die Arbeit von Jahrzehnten hin! Wenn uns das passieren würde!

Der Gedanke schockt mich immer noch so sehr, dass ich hier mal kurz die Farben aufschreiben muss, damit Sie mich im Zweifel daran erinnern können (oder damit ich sie in diesem Buch nachlesen kann). Also Achtung: Bedränger gelb. Zukunftsbäume weiß.

Nach dem Schock erzählte Johannes direkt weiter, Basiswissen über Waldarbeit, aber zumindest ein inneres «Hhhhhh» hörte überhaupt nicht mehr auf.

Da ging es darum, dass man nur zu zweit in den Wald darf, damit einer immer einen Notarzt holen kann, falls was ist. Und «was ist» heißt in dem Fall, dass man beispielsweise beim Fällen von einem Baum erschlagen wird oder auch mal von einem runterfallenden Ast. Oder man kann einen schon gefällten Stamm versehentlich zum Rollen bringen, ihn auf den Fuß kriegen, und dann könnte man nicht mehr heimgehen und würde, wäre man allein, kläglich verhungern. Im Wald gibt es nämlich selten ein gutes Handynetz, sodass man nicht einfach die Feuerwehr oder seine Mama anrufen kann, die einen wieder rausrollt. Man kann sich auch jederzeit mit den schweren Baumstämmen den Rücken arg verheben oder über einen der rumliegenden Äste oder Zapfen oder Wurzeln stolpern oder sich natürlich, das wusste ich aber schon, mit dieser Motorsäge brutal in den Fuß schneiden, und dann liegst du da. Darum sollte man auch immer daheim Bescheid sagen, bevor man in den Wald zum Arbeiten geht, und dabei gleich einen Zeitplan mit abgeben, wann man ungefähr gedenkt, wieder da zu sein, damit einer im Zweifel zum Nachschauen kommt.

Dass da überhaupt jemals einer lebendig wieder aus dem Wald rausgekommen ist, schien mir gerade ein unfassbares Glück.

Ich hielt mich an dem grünen Broschürchen fest, aber das half nicht viel, denn Johannes legte jetzt eine Kettensäge auf den Tisch und erklärte, dass man mit der Spitze der Säge, die so nach oben geht, nie in ein Holz schneiden darf, weil die Säge sonst zurückspringen und einem direkt auf die Nase hauen kann. Dann zählte er auf, was alles beim Ketteneinlegen und Feilen schiefgehen kann und beim Kraftstofftanken und, und, und, und dann sagte er: «Wollen wir loslegen?»

Ich ging vor das Zirkuswagendings und atmete einmal tief durch. Elli reichte mir ein Käsebrot aus ihrer Tasche. Wir aßen und schauten die oberbayerischen Hügel hinunter in die Ferne. Durch den Wald dröhnten von überallher die Motorsägen, rrrrrrn, rrrrn.

«Und wenn wir doch ein Gewerbegebiet aus dem Wald machen?», sagte ich zu Elli rüber.

«Des ziang ma jetzt durch.»

«Aber wenn …»

«Des ziang ma jetzt durch.»

Ich seufzte also tief und biss ins Brot, und dann kam auch schon der Johannes von seinem Auto zurück und reichte mir ein paar Klamotten. Ich schlüpfte in eine riesengroße Schnittschutzhose und in viel zu große orangefarbene Arbeitsschuhe, zog Mamas uralte rote Arbeitsjacke über und gelbe Handschuhe an und setzte einen Helm mit so Ohrenschützern und einem Netz vor dem Gesicht auf. Das alles war so groß und dick und schwer, ich fühlte mich wie das Michelin-Männchen in Moonboots.

Wir stapften ein paar Meter einen kleinen Hügel runter bis zu einer Stelle im Wald, wo ganz offensichtlich schon einiges gefällt worden war, weil da gab es jede Menge Baumstümpfe und einige Stämme mit abgesägten Ästen. Ich storchte über die Äste und Felsbrocken und das glitschige Moos, und dann stand ich neben Johannes und dem offensichtlichen ersten Opfer.

Und los ging es.

1. Baumansprache: Baum genau anschauen und sagen, ob

er einem gesund und gerade vorkommt oder verfault oder irgend so was, damit es den Baum nicht beim Reinsägen zerreißt und dann der Stamm zurückschnalzt und dich so nach oben hin ... Ach, ich erspar Ihnen die Details. Der Sägenlehrer erklärte jedenfalls dies und das, und dann standen meine Schwester und ich abwechselnd mit dem Rücken zum Baum (es war übrigens eine Fichte, schnurgerade und gesund) und schauten – 2. –, in welche Richtung er fallen konnte, ohne an einem anderen Baum hängen zu bleiben. Dann sollten wir – 3. – zwei Wege ausmachen, die wir im Notfall, ohne zu stolpern, nach hinten weglaufen könnten. Johannes erklärte uns ein paar Techniken, mit denen wir den Baum zu Fall bringen konnten, und dann sollten wir – 4. – brutal laut schreien, wahlweise Achtung oder Obacht. Nicht nur, damit sich auch das letzte Eichhörnchen, das nicht sowieso schon vor uns davongelaufen war, noch schnell verzupfen konnte, sondern vor allem natürlich, damit potenzielle Fußgänger und Radfahrer gewarnt waren. Also tief einatmen und «Aaaaachtuuuuuung» und dann:

5. Säge anschmeißen.

Ich atmete tief ein, legte die Ohrenschützer auf den Kopf und zog das Netz vor die Augen. Dann klemmte ich die Säge zwischen die Knie – schnell und ruckartig an der Schnur ziehen, sagte die Stimme von rechts –, ich riss, und nichts passierte.

«Noch mal, schneller», hörte ich es dumpf durch die Ohrenschützer.

Ich zog, so fest ich konnte, und – rrrnn, rrrrrnnnnnn.

Hui, war das laut.

Gaaaaanz langsam schlich ich zu dem Baum. Dann setzte ich an und sägte.

Längs und quer, und dann blieb ich hängen und zog wieder

raus, und dann schnitt ich noch mal rein, und es rrrrnte die ganze Zeit, und Johannes wedelte mit den Händen direkt vor mir, weiter, weiter, oder er zeigte stopp und wedelte in die andere Richtung und schrie immer neue Anweisungen direkt in mein Ohr. Dann kniete ich mich hin und nahm die Säge noch mal anders in die Hand, und dann sägte ich wieder, und es rrrrrnte und rrrnte, und ich holte wieder kurz Luft – die Säge ist ganz schön schwer auf Dauer – und dann setzte ich noch mal an und sägte noch mal gerade von der anderen Seite rein, und dann gingen wir alle ein paar Schritte zurück, und es machte knacks, knacks – und schon fiel der ganze Baum um. Wumps.

«Wow», sagte ich.

«Na oiso», sagte Johannes.

«Ich hab dich gefilmt», sagte meine Schwester.

Auf einmal war es ganz ruhig im Wald. Ich schaute auf den Baum, die Äste wackelten noch ein bisschen nach. Da lag er nun. Und tatsächlich ging es mir wieder ein bisschen so wie auf dem Bulldog: Ich fühlte mich ganz erhaben. Da ist dieser Baum jahrzehntelang gewachsen und dann komm ich daher und mach rrrrn, rrrrn, und jetzt liegt der flach.

«Ganz schön erhabenes Gefühl, oder?», fragte Elli und lächelte.

«Ach, na ja.»

Johannes zog mit einem Ruck seine Motorsäge an und begann, alle Äste vom Baum abzuschneiden – Motorsäge links rum, rechts rum, dicht am Baum halten – und wir taten es ihm nach. Dann mussten wir von dem Baum viele dünne Scheiben absägen und dann noch mehr quadratische Teile aus der Mitte. Elli hatte fast schon frühstücksbrettgerade Schnitte drauf und wirkte auch kniend recht sicher. Aber ich war auch nicht unzufrieden mit mir. Mein Baum war umgefallen, und zwar: auf niemanden drauf, die Scheibchen und Quadratchen waren verhältnismäßig gerade und alle Finger und Beine noch dran. Was will man mehr?

Zurück am Parkplatz in Eschenlohe stopften Elli und ich unsere Taschen und Klamotten aus Johannes' Bus wieder in ihren Volvo und wollten uns gerade verabschieden.

«Moment», sagte Johannes da schnell und zog zwei weiße Zettel aus seiner Tasche. «Ihr kriegts ja noch eure Zertifikate.»

Wir schoben die Zettel in den Kofferraum und winkten dem Sägenlehrer zum Abschied. Dann gingen wir ein paar Meter zum Metzger, kauften uns Leberkässemmeln und spazierten auf einen Hügel hoch zu einer kleinen Kapelle, setzten uns auf eine Bank und ratschten.

Über unsere wilden Kinder (ihre sind schon fast erwachsen), eine verrückte Pandemie, über ihren neuen Job und, und, und.

Früher, als wir Kinder waren, war Elli immer eine echte große Schwester gewesen. Sie hatte mich zu ihren Freunden mitgeschleppt, hatte mir erklärt, wie man die Schulbücher einbindet, und mich getröstet, wenn meine Freundinnen doof waren oder der Schmidt Reiner mich nicht angeschaut hat. Wenn ich heute Kummer hab, ist Elli immer noch eine der Ersten, die ich anrufe. Sie lebt nun schon seit fast zehn Jahren in einem großen Haus mit großem Garten in einem kleinen Ort in der Nähe von Regensburg. Als sie Kinder bekam, hat sie sich oft mal zwei Tage familienfrei genommen und hat mich in München oder Berlin oder Hamburg besucht. Dann sind wir trinken gegangen oder shoppen oder auf ein Konzert.

Die letzten Jahre, seit wir im Norden wohnen, sind wir immer wieder nach Bayern gefahren, alle zehn Wochen, würde ich meinen, waren wir eine Woche bei meinen Eltern auf dem Hof. Und immer kamen die Geschwister auch, mit ihren Kindern und Ehemännern und Freunden und Freundinnen und den alten Freunden von früher. Wir haben dann unterm Apfelbaum gegrillt und Bier getrunken, und die Kinder sind miteinander ins Planschbecken gehüpft oder mit den Tret- bulldogs im Hof im Kreis gefahren oder auf die echten Bulldogs rauf- und runtergeklettert.

Und die Mama hat die ganze Mannschaft mit Salaten und Würscht und Semmeln und Zeug versorgt, das ist auch eine Aufgabe, alter Schwede, da können Sie mal zusammenzählen, wie viele Menschen sie da so Pi mal Daumen jedes Mal bekocht hat. Und wenn jemand Geburtstag oder Taufe oder ein Jubiläum oder eine Hochzeit hatte, hat uns unser Bruder zum Geschwisterchor verdonnert, und wir mussten vierstimmig irgendwas singen, «Unser oide Kath» zum Beispiel oder «Es muaß oam a amoi was wurscht sei kenna».

Und jetzt, wenn ich mir ab und zu eine Nacht familienfrei nehme, dann fahren die Elli und ich manchmal zusammen alleine ans Meer und schauen auf die Wellen – oder wir wandern eben schnell auf einen kleinen bayerischen Hügel mit Kapelle.

Es war ganz schön kühl geworden da oben, und ich zog meine Jacke zu.

«Sag amal, wie bist du eigentlich auf den Sägekurs gekommen?», fragte ich irgendwann.

«Einfach so», antwortete sie. «Ich dachte, es ist nicht so schlecht zu wissen, wie man sich im Wald verhalten soll.»

«Ja, das weiß ich jetzt auch: wegbleiben.»

«Na ja», sagte Elli. «Bäume umschneiden brauchen wir da jetzt noch nicht. Aber ich freu mich schon auch drauf, dass wir da bald mitmachen können. Aufs Beobachten und Schauen, wie die Bäume wachsen. Wie die sich entwickeln im eigenen Wald. Vor allem, weil das ein so schöner Wald ist. Der Papa hat den ja in den Sechzigern schon so angelegt, wie heute immer alle sagen, dass man einen Wald machen soll, um sich auf den Klimawandel vorzubereiten.»

Ich nickte und dachte an das, was mir der Papa neulich im Seminar erzählt hatte.

Dass er 1956 in der Landwirtschaftsschule gelernt hat, dass es für den Wald besser ist, wenn da nicht nur eine Baumsorte wächst. So sind die Wälder besser geschützt vor Sturmschäden, weil verschiedene Arten von Wurzeln sich im Boden besser festhalten können, und vor Schädlingen, weil die oft auf eine Sorte spezialisiert sind, und wenn da nur Fichten stehen und der Borkenkäfer kommt, dann sind mal schnell alle Bäume von so einem ganzen Wald kaputt und müssen weg.

Sein Lehrer hat ihm damals gesagt, dass er Buchen zwischen die Nadelbäume pflanzen soll, und das hat er dann vor 50 Jahren zum ersten Mal auch gemacht. Damals, wo die Leute noch gesagt haben: «So ein Schmarrn.»

Und da im Wald bei der Kapelle war dann auch vor ein paar Jahren mal ein Nest mit vielen Borkenkäfern, und er musste die kranken Bäume rausnehmen. Aber das war nicht so schlimm. Die Buchen, die dazwischen nämlich auch schon sehr groß sind, denen hat der Borkenkäfer eben nichts getan. Die stehen da heute noch. Und außerdem Lärchen, Douglasien, Ahornbäume und natürlich immer noch viele der üblichen Kiefern und Fichten.

So einen Wald zu bekommen, das ist schon ein ganz schönes Glück.

Weiti

Wenn ich an meine Kindheit denke, kommt da immer eine große, weiße Ziege darin vor. Das war meine Ziege, und sie hieß Weiti, aus offensichtlichen Gründen. Mein Bruder war acht, als wir sie bekamen, und er hatte da schon ein paar Brocken Englisch aufgeschnappt. Korrekterweise müsste ich hier also Whitey schreiben oder White-E, aber es ist ja unsere eigene Namenskreation, und nach eingehender Beratung haben wir uns für «Weiti» entschieden. Jedenfalls: Ich war fünf, als sie zu uns zog, Johanna war da gerade geboren, Elli zehn, und wir bekamen die Ziege, weil Elli ein Pferd wollte. Jetzt fragen Sie sich womöglich, warum meine Eltern dann nicht ein Pferd angeschafft haben, wenn meine Schwester doch ein Pferd wollte, und diese Frage ist durchaus legitim. Zumal es Pferde bei uns auf dem Hof ja lange Zeit gegeben hat, und Platz hätten wir auch gehabt.

Der Grund ist, dass meine Eltern damals gesagt haben: Ein Pferd ist teuer und macht viel Arbeit. Da muss man sich ständig kümmern! Mit der Ziege wollten sie ausprobieren, ob meine Schwester «Verantwortung übernehmen» kann, so erzählen sie das heute jedenfalls. Die Ziege war also ein Testtier.

Meine Schwester wusste von ihrem Test aber nichts, und sie hat ihn – vielleicht deswegen – auch nicht bestanden, denn ein Pferd zog nie auf unseren Hof. Aber ich bin noch heute froh darum, dass meine Eltern diesen Versuch gemacht haben, denn die Ziege wurde zu meiner Ziege. Und sie war das wunderbarste Tier, das man als Kind haben kann.

Meine Ziege war eine «Weiße Deutsche Edelziege», und

trotz des unschönen Namens war sie wunderschön. Ganz weiß und dünn, mit dunklen Augen – und ohne Hörner. Das sei normal bei dieser Rasse, sagte meine Mama.

Weiti zog in den alten Saustall im Austraglerhaus. Sie bekam da einen kleinen Holzverschlag und hinein Wasser und Stroh. Und von dort aus machte sie sich deutlich bemerkbar. Wenn Weiti etwas wollte, machte sie: Mä-ä-aääh. Das «ä» blökte sie dabei abgehackt heraus, so als würde sie immer neu ansetzen. Mä-h-ä-h-äääh. So ein Ziegen-Mäh klingt energisch. Nicht so brav und langweilig wie das Mäh der Schafe. Wenn die Ziege blökte, hieß das: Komm jetzt her! Sofort!

Und ich war diejenige, die das verstand.

Schon morgens vor dem Kindergarten hab ich mich immer zu Weiti ins Stroh gesetzt und am Nachmittag, wenn ich heimkam, wieder. Und abends vor dem Zubettgehen auch. Ich nahm sie in den Arm und streichelte sie. Ich stieß meinen Kopf gegen ihren, das mochte sie gern. Irgendwann lief sie mir immer und überallhin nach. Weiti hatte ein gelbes Halsband, daran konnte ich einen kleinen Strick festmachen. So bin ich mit ihr morgens vom Stall zur Wiese auf dem Hof hinter dem großen Wohnhaus gegangen, auf der durfte sie dann den ganzen Tag grasen.

Manchmal sind mein Bruder und ich aber auch mit ihr durchs Dorf gelaufen wie mit einem Hund. Wenn wir so daherkamen, lächelten uns über die Zäune und Gartenhecken hinweg alle an. Und beim Mittagessen war Weiti auch oft mit dabei. Sie sprang draußen am Haus aufs Fensterbrett vor unserer Küche und schaute zu uns rein. Ich glaube, sie wollte sehen, wo ich bleibe. Das war besonders lustig, wenn wir Besuch hatten. Der hat sich oft vor Staunen nicht mehr eingekriegt.

Einmal im Jahr, beim Leonhardiritt, haben wir Weiti mit

Blumen geschmückt und sind mit ihr zu Fuß ins Nachbardorf gegangen. Da haben wir sie vor der Kirche an einen Holzzaun angebunden, da, wo die ganzen anderen Tiere auch hübsch ge- schmückt herumstanden, und haben gewartet, bis der Pfarrer rauskam und die Tiere segnete. Das ist nämlich der Sinn vom Leonhardiritt. Die anderen Tiere, muss man ehrlicherweise sagen, waren vor allem Pferde. Eigentlich waren da außer Weiti nur Rösser, aber Weiti hat sich tapfer gehalten, sie stand ruhig dabei und hat alles mitgemacht, und sie sah sehr schick aus. Da war ich sehr stolz auf sie.

Mit Weiti war immer alles lustig. Im Winter haben wir Kinder sie einmal mit auf den zugefrorenen Weiher genommen. Dafür hat uns die Mama aber im Nachhinein geschimpft. Die Ziege hätte sich die Beine brechen können, sagte sie. Ein anderes Mal band ich ihr den Sattel und das Halfter vom Schaukelpferd um, und dann setzten mein Bruder und ich unsere kleine Schwester drauf. Die war inzwischen zwei Jahre alt, wollte aber nicht auf der Ziege reiten, wir wissen nicht genau, warum. Weiti wollte auch nicht geritten werden – sie warf meine Schwester runter. Dafür wurden wir wieder geschimpft.

Und am allerlustigsten war es, wenn wir mit Weiti Wettrennen veranstalteten. Wir Kinder sind bei der Schaukel losgelaufen, einmal durch den Garten, ums Haus herum und zurück zur Schaukel. Wenn wir schnaufend angerannt kamen, stand Weiti schon längst da und schaute uns entgegen. Ich glaube, wir haben immer verloren. Aber das war uns egal.

Meine Mama allerdings fand Weiti nicht immer so lustig. Sie fraß ihr nämlich ihre geliebten Blumen und Kräuter weg und riss Äste von den Bäumen. Darum baute mein Papa ihr irgendwann ein Gehege im Garten. Wir Kinder sollten Weiti morgens dorthin bringen und abends zurück in den

Stall. Einmal in der Woche mussten ich oder mein Bruder mit einer Mistgabel das verkackte Stroh aus ihrem Verschlag herausheben, es mit der Schubkarre zum Komposthaufen bringen und dann frisches Stroh in ihren Stall streuen. Wir Kinder hatten das Gefühl: Weiti braucht ständig frisches Stroh und frisches Wasser. Und das würde noch ziemlich lange so weitergehen. Ziegen können 15 Jahre und älter werden. Als ich elf war, sagte meine Mama schließlich: «Ihr kümmert euch nicht mehr genug, die Ziege kommt weg!»

«Auf gar keinen Fall!», hab ich da gerufen.

Mir war schon klar, dass sie viel Arbeit macht, und wahrscheinlich hatte meine Mama auch recht. Aber ich konnte mir ein Leben ohne Weiti nicht vorstellen.

Irgendwann aber schlug meine Mama was vor, was auch uns Kinder überzeugte: Weiti sollte Teil einer Schafherde werden. Das ist nicht ungewöhnlich, viele Schäfer haben Ziegen. Weil sie ein bisschen energischer sind als Schafe, laufen die Ziegen oft als Leittiere vorneweg. Sie geben auch viel Milch und ernähren darum oft mal Babyschafe, wenn deren Mütter sie nicht annehmen. Also zog Weiti zum Schäfer.

Ein paar Jahre später erzählte mein Papa mal bei der Brotzeit, dass der Schäfer, bei dem Weiti lebte, wieder in der Gegend war. Da unten in der Wiese am Fluss. Ich hab mich sofort auf das Fahrrad geschwungen, bin hingefahren und hab mich vor die Herde gestellt. Hunderte weiße, wollige Tiere trappelten vor mir herum, und alle machten brav määäh.

Ich stapfte ein paar Meter durch das hohe Gras auf die Herde zu. Dann blieb ich stehen und rief laut: «Weiti!»

Und da kam sie herausgelaufen, zwischen all den Schafen hindurch, direkt auf mich zu.

Weiti hatte immer noch ihr gelbes Halsband um und machte mä-h-ä-h-äääh.

Ich kniete mich auf den Boden, nahm sie in den Arm und streichelte sie. Ein paar Minuten lang. Und dann drehte sich Weiti um und lief zurück zu ihrer neuen Familie. Wirklich wahr.

Einmal bin ich mit meinem Papa auf dem Feld gestanden, da kam eine Schafherde vorbei. Papa und ich sahen den Schafen zu, wie sie über die Wiese joggten, es määähhte und trappelte, und wir lächelten beide.

Ob das wohl die gleiche Herde ist, in der früher Weiti war, haben wir uns gefragt und ein bisschen spekuliert, ob das sein könnte. Vielleicht. Ich sah dem Mähhh nach.

Ich habe meinen Kindern so oft von Weiti erzählt und ihnen die Geschichte vorgelesen, die ich mal über sie geschrieben hab. Meine Kinder kennen Weiti, und ich glaube, dass sie irgendwie auch wissen, was Weiti für mich ist. Der Inbegriff von Heimweh.

Meine Kinder haben Schnecken als Haustiere. Drei Stück, in einem Plastikkasten mit Löchern im Deckel. Der steht in der Küche.

Kriang mia des hin?

Im Nachhinein würde ich meinen, an dem Tag ist einfach zu viel zusammengekommen.

Das ging schon in der Früh los. Ich saß bei meiner Mama in der Küche auf der Eckbank, die Kinder und ich hatten zwei Wochen frei, und wir waren schon seit ein paar Tagen auf dem Hof. Die Mama klapperte mit ihrem Geschirr, und ich blätterte in Papas Magazinen, dem *Bayerischen Landwirtschaftlichen Wochenblatt, top agrar, Südplus*. Das ist ganz interessant, da geht es mal um Pflanzen, die sich als Zwischenfrucht eignen könnten, mal um coole neue Ackerroboter oder darum, wie sich der Weizenpreis im kommenden Jahr wohl entwickeln wird. Es geht um abzustaubende Prämien für Waldbesitzer und um die Beiträge zur Unfallversicherung. Erst hatte ich einen Artikel darüber gelesen, ob es besser für die winzigen Viecher und Bakterien und Pilze im Boden ist, wenn man mit einem wendenden oder mit einem nicht wendenden System pflügt (mal so, mal so), und dann noch einen, in dem erklärt wurde, wie man mit einem langen Spaten ein Stück Erde heraushebt (einen Bodenziegel), um zu sehen, in welchem Zustand der Boden ist (viele Wurzeln, krümelige Erde, Poren und viele Regenwürmer = Boden wahrscheinlich fruchtbar).

Dann blätterte ich zu den Anzeigen. «Junges Paar sucht Hof!», schrieben da welche, «Wir suchen dringend einen Hof zum Weiterbewirtschaften, Kauf oder auf Rentenbasis» oder «Gerne möchten wir Ihr Lebenswerk weiterführen. Landwirtschaftliche Ausbildung und Leidenschaft sind vorhanden», oder auch «Ich bin gelernter Landwirt und suche einen landwirtschaftlich/forstwirtschaftlichen Betrieb zur Übernahme/Bewirtschaftung».

Es waren eine Menge solcher Anzeigen. Und da ging es jetzt nicht um meine Stadtfreunde, die ein Stück Land suchten, um hin und wieder mal ein bisschen romantische Luft zu schnuppern. Sondern um Bauern, die das Land bewirtschaften wollten, die darin ihre Zukunft sahen. Die wussten, worum es dabei ging. Die hatten wahrscheinlich jahrelang eine Ausbildung gemacht oder vielleicht sogar studiert. Und ich sollte das jetzt mit einem Crashkurs vom Papa können? Plötzlich kam ich mir anmaßend vor.

Die Leute aus den Anzeigen waren Landwirte, die offenbar nichts von den Eltern übergeben bekommen haben, die aber trotzdem selber Land bewirtschaften wollten. Und für diesen Wunsch mussten sie sich nun Felder und Wälder und Wiesen pachten oder kaufen. Und das kostet. Gerade Äcker, das hatte ich auch beim Blättern in den letzten Wochen gemerkt, waren teuer. «2 Hektar Ackerfläche zu verkaufen», fand ich bei denselben Kleinanzeigen, «Preis: 160 000 Euro».

Und wir bekommen es einfach so.

Papa kam in die Küche und sagte, er würde jetzt mal zum Düngen fahren, er könnte Hilfe brauchen.

Anfang April hatte der Joe schon auf dem Maisfeld Gülle gefahren, gleich danach hatte der Georg den Senf und den Ölrettich mit der Kreiselegge zerkleinert, und dann hatte der Joe den Mais angesät.

Nichts davon hatte ich mitgekriegt. Weil ich nicht da war.

«Ich komm mit», sagte ich, stand auf und schlüpfte in Mamas Gummistiefel.

An den kleinen Fendt hatte mein Papa schon den Düngerstreuer angekoppelt, einen grasgrünen, überdimensionierten Trichter. Ich kletterte den Bulldog hoch, setzte mich neben den

Hoppelsitz auf diese blecherne Sitzfläche über dem großen Reifen und hielt mich an der Stange vom Dach fest, mein Papa zog am Knopf, rrrrrum – ockockockock – und wir tuckerten los. Ein paar Kilometer weiter bog mein Papa zum Lagerhaus vom Raiffeisen ein, ein paar riesige graue Hallen mitten in den Feldern, in der Mitte eine große schwarze Teerfläche. Dunkle Förderbänder führen in die geöffneten Tore hinein.

Beim Raiffeisen kaufen die Bauern aus der Gegend Saatgut und Düngemittel ein, und hier bringen sie auch ihre Ernte hin. Sie kippen ihr Getreide oder den Mais oder die Erbsen in die großen Betongaragen, und der Raiffeisen vermittelt dann den Verkauf. Aber es gibt da auch Ziegelsteine und Rohre und alles Mögliche an Baumaterial, die Sachen wiederum stehen auf großen Holzpaletten an den Rändern herum, so, dass die Bauern auf ihren riesigen Traktoren mit den noch größeren Anhängern immer noch wunderbar herumrangieren können.

Aber es war Mai und noch keine Erntezeit, also fuhr heute nur der Papa mit seinem Fendt in die Mitte des Geländes rein und parkte auf einem hellgrauen Rechteck am Boden. Er zog an dem Draht neben dem Lenker, der Fendt verstummte, und wir stiegen ab.

Das Gelände wirkte wie ausgestorben. Es roch nach Staub und Mehl.

«Grias di», sagte ein Mann in dunkelgrüner Arbeiterhose und dunkelgrüner Jacke, der aus einer der Hallen auf uns zukam.

«Grias di», sagte mein Papa. «Korn-Kali dad i braucha.»

Der Mann nickte und schaute auf eine schwarze Anzeigetafel hoch über ihm an der Wand einer der großen Hallen. 2,6 leuchtete da in Rot. Ach, eine Waage war das, merkte ich und sah auf die helle Fläche auf dem Boden. Da würden vier solcher Fendts draufpassen.

«Mach ma voll, oder?»

Mein Papa nickte, und der Mann schrieb was auf einen Zettel, dann stieg er in einen kleinen Gabelstapler, fuhr damit zum Fendt, drückte einen Knopf und ließ von oben rot-weiße Kügelchen in den Trichter fallen. Nach einer Weile rollte er zurück, und ich schaute wieder auf die schwarze Anzeige. 3,6 stand da jetzt.

Mein Papa nickte ihm zu, er nickte zurück, überhaupt wurde wenig gesprochen und viel genickt, dann schrieb wieder einer was auf einen Zettel, mein Papa unterschrieb, und dann ockten wir los auf den Acker, aktuell eine dunkelbraune Erdfläche und überall darauf diese gelben Stängel. Ab und zu steckten Fichtenzweige darin, ein paar waren umgefallen.

Mein Neffe und er hätten da vor ein paar Tagen die Abstände ausgemessen und abgesteckt, sagte der Papa, jetzt hatte der Wind aber einige der Markierungen umgeworfen. Ob ich mich da – er deutete auf einen der umgekippten Zweige – hinstellen könnte, dann wüsste er, wo er langfahren muss.

Ich stapfte also durch das Feld auf meinen Platz, mein Papa zog an irgendeinem Hebel am Trichter und dann am schwarzen Knopf im Fendt und fuhr los.

Es ging langsam das Feld runter, die roten Kügelchen schossen rechts und links vom Trichter raus, dann ging es wieder hoch, direkt auf mich zu. Die Kügelchen schleuderten aus dem Trichter und mit ihnen eine weiße Staubwolke, und dann fuhr der Bulldog direkt an mir vorbei, und ich hüpfte schnell weg. Leider nicht schnell genug, die Drümmer trommelten noch auf meinen Rücken, und ich ärgerte mich. Vom Dünger erschlagen, kein Heldentod.

Geh halt schneller weg, Himmel!

Ich ließ mir meinen Ärger nicht anmerken und wechselte

zum nächsten Platz. Eine Stunde ging das mit dem Richtig-Stehen und Gelegentlich-Winken und Vor-den-Kügelchen-Verstecken ungefähr, dann waren wir fertig und ockten nach Hause.

Nach dem Mittagessen fuhren wir zusammen einen Bulldog abholen, der beim Reparieren war. Keiner von den Fendts, sondern der große blaue vom Georg, der hat eine Kabine und ein Radio drin, und die Reifen sind sogar größer als ich. Der Papa war mit Abholen von der Werkstatt beauftragt – er wollte den Bulldog heimfahren, und ich sollte dann den Smart übernehmen.

Ich schlüpfte in meine weißen Turnschuhe und die lila Jacke (Autofahren geht ja wohl auch ohne Gummistiefel!), mein Papa zog einen seiner gestrickten Pullunder an, setzte sein kariertes Käppi auf, und wir fuhren über schmale, geteerte Wege durch grüne Wiesen mit kniehohen Gräsern und braunen Äckern, auf denen gelbe Stängel herumlagen. Über lang gezogene grüne Hügel, in denen die Gänseblümchen und die Löwenzähne alles weiß und gelb färbten. Vorbei an Hopfengärten, wo bunt angezogene Menschen an den zarten Pflanzen hantierten, die sich vielleicht einen halben Meter die dünnen Drähte entlang in die Höhe schlängelten. Die Menschen da wählten wohl gerade die zwei Triebe aus, die weiterwachsen sollen, wickelten sie den Draht entlang hoch und schnitten die anderen weg.

Ab und zu standen da einzelne Bäume am Wegrand, dann kamen wieder Orte mit zwei, drei Häusern – Bauernhöfe mit riesigen Hallen, die Dächer zugepflastert mit Fotovoltaikanlagen, und immer wieder diese eingezäunten Bereiche mit den riesigen umgedrehten Suppenschüsseln in der Mitte, den Biogasanlagen. Dann wieder quietschgelbe Rapsfelder und endlose Weite. Meine Heimat.

In einem von diesen kleinen Orten blieb der Papa stehen und zeigte auf ein weißes Haus mit hölzernem Balkon drum herum. Da, sagte er, da kommt sein Großvater her, von dem Hof. Dessen Vater, also mein Ururgroßvater, war Hirte. Er hatte vor mehr als hundertfünfzig Jahren für das ganze Dorf auf die Tiere aufgepasst und damit sein ärmliches Leben gefristet. Sein Sohn war dann schon Zimmerermeister, er hat mit zwei anderen Zimmerern zusammen Häuser gebaut. Und hier in dem Dorf hatte er auch noch, was mein Papa «a kloans Sachl» nennt, also einen winzigen Hof. Er wollte sich vergrößern und hatte genug gespart, also hatte er sich zehn Kilometer weiter den Hof gekauft, der dann unserer wurde. Das war 1918 gewesen, und solche Umzüge der Bauern waren damals durchaus üblich.

Der neue Hof war zwar auch nicht die Wucht gewesen, sagte mein Papa. Bei uns in der Gegend sind die Böden sandig, so richtig gut was anbauen konnte man da noch nicht. Erst als mein Opa übernahm, sei das ein guter Hof geworden.

Mein Opa war bei dem Umzug 15, und er war einer der Ersten, der eine Landwirtschaftsschule besucht hatte, als diese gerade eingeführt wurden. Er war auch einer gewesen, der recht viele Sachen konnte. Von seinem Papa hatte er das Zimmern gelernt, und er konnte metzgern und eben die Landwirtschaft.

Er hat Land dazugekauft, die Felder gedüngt und statt der alten Dreifelderwirtschaft (ein dreigeteiltes Land, im Wechsel bewirtschaftet mit Sommergetreide, Wintergetreide, Brache) hat er abwechselnd Kartoffeln und Getreide angebaut, jedes dritte Jahr Futterrüben für die Kühe und jedes sechste Jahr Klee. So wurden die Erträge besser, also die Früchte größer und dicker, sie brachten mehr Geld und den Tieren auf dem Hof mehr zum Fressen, und die Kühe gaben mehr Milch. 1937 hat er von dem verdienten Geld einen Stall und die schon erwähnte Hopfendarre gebaut. Bis nach dem Krieg konnte sich der Hof einen Knecht leisten und eine Magd, sieben Kühe, von denen jede jedes Jahr ein Kalb bekam, zehn Schweine und zwei Pferde für die Feldarbeit. Sie waren der ganze Stolz meines Opas. Er ist 1973, also noch vor meiner Geburt, gestorben, aber das weiß ich trotzdem. Ich kenne die alten Bilder, auf denen er seine Pferde bei sich am Riemen hält und in die Kamera lächelt.

Zu Hause mitgearbeitet hat mein Papa natürlich schon immer, genau wie seine vier Schwestern. Sie mussten sich um die Tiere kümmern, sie füttern, melken, den Stall ausmisten, auf dem Feld mithelfen und im Wald. (Mein Papa ist mit 12 schon Bulldog gefahren.) Anfang der Fünfziger gab es keine Helfer mehr am Hof, das haben alles die Kinder und meine Großeltern gemacht. Aber es waren ja fünf, also genug Arbeitskräfte, sodass alle abwechselnd wegdurften, um was zu lernen. Alle waren sie mal ein Jahr fort, auf Hauswirtschaftsschulen, in anderen Betrieben. Eine meiner Tanten war sogar ein Jahr in den USA.

Mein Papa war mit 14 auf einem landwirtschaftlichen Internat, also so etwas wie einer Vollzeitberufsschule. Danach war er noch ein Jahr als Lehrling in einem anderen Betrieb, dann auf der Landwirtschaftsschule und später in der Höheren Landbauschule, das ist so was wie der Vorgänger der Fachhochschule. Danach war er Agraringenieur, und weil er unter den besten sechs war, hat er eine Hochschulreifeprüfung machen dürfen und sie bestanden. Damit hatte er die fachgebundene Hochschulreife. Das war ihm aber damals, mit 20, ziemlich wurscht, er wollte ja eh Bauer werden. Bis in die Sechziger hat er daheim am Hof gearbeitet, und er, seine Eltern und seine Schwestern haben von der Landwirtschaft gelebt.

Und dann, 1967, hat er ein betriebswirtschaftliches Seminar gemacht und die Zukunft des Hofes ausgerechnet. Da hat er gesehen, dass der Betrieb, so wie er war, bald nicht mehr reichen würde, um eine Familie zu ernähren. Er hätte viel investieren, den Betrieb vergrößern oder sich spezialisieren müssen, also in jedem Fall neue teure Geräte und Land hinzukaufen oder pachten müssen, damit es auf Dauer ging. Oder eben was anderes machen.

Darum ist er dann doch zur Uni gegangen und hat Agrarwissenschaft studiert und in der Hopfenforschung gearbeitet und die Felder, den Wald und die Wiesen nebenher bewirtschaftet.

Aber auch heute noch antwortet er auf die Frage, was er ist, nicht mit «Diplom-Agraringenieur». Er sagt: «Ich bin Bauer.»

Mein Papa zog den Hebel auf D und rauschte lautlos weiter. Über uns der blaue Himmel mit ein paar einzelnen weißen Wolken, um uns herum wieder nur Felder und Wiesen.

«Wie lang willstn du noch weitermachen? Also, die Landwirtschaft?»

«Hmmm», sagte mein Papa. «Nimma lang. Ich kann vieles nimma so gut machen, mit vielen Maschinen wird es schwieriger. Und jetzt langts dann a amal.»

«Hm-mm», sagte ich.

«Na ja. Am liebsten würde ich mich um alles kümmern, solang ich kann. Und dann Stück für Stück reduzieren.»

«Hm-mm.»

Wir bogen in eine geteerte Einfahrt ein und hielten vor einer großen, weißen Lagerhalle, natürlich auch mit Fotovoltaik auf dem Dach.

Aus der Halle kam ein Mann heraus und auf uns zu, mit Käppi und Arbeiterhosen und Sicherheitsschuhen, schwarz und bestimmt schwer.

«Grias eich», sagte er.

«Mia san wegen dem Spritzcomputer da», erklärte mein
Papa.

«Ah ja.»

Die beiden gingen zum blauen Bulldog vom Georg, der da
draußen auf dem Teer stand, und schauten auf ein Kästchen
mit Bildschirm im Fahrerraum, kurz darauf ging der Mann
wieder runter, und der Papa fuhr ein paar Meter, dann diskutierten sie wieder eine Weile. Dann holte der Mann einen
Karton aus der Lagerhalle, legte sich drauf und schob sich
unter den Bulldog. Er kam wieder raus, der Papa fuhr wieder
ein paar Meter, dann stieg der andere wieder rauf, und der
Papa erklärte mir schnell, was der Spritzcomputer anzeigen
soll, nämlich wie schnell der Bulldog genau fährt, um so zu
berechnen, wie viel er pro Hektar hinten rausspritzt, und das
macht er nimmer gscheid.

Irgendwann lagen dann zwei Männer unter dem Bulldog und schauten und drehten an irgendwas. Dann sagten
sie «Jetzt bassts», mein Vater kletterte rauf, ich stieg in den
Smart, und wir fuhren heim.

Zurück am Hof parkten wir unsere Gefährte, und ich stellte
mich zu meinen Kindern, die gerade das Pflaster mit dem
Gartenschlauch unter Wasser setzten. Dann kam einer drauf,
eine Rutschbahn bauen zu wollen, und wir holten eine alte
Plastikfolie aus der Werkstatt und rollten sie auf dem Rasen
aus. Schlauch auf die eine Seite hinhalten, Wasser draufsprit-
zen, Anlauf nehmen, mit den Knien über die Wasserbahn
rutschen und dann am Ende über den Rasen purzeln. Oder halt
von der Mama aufgefangen und wieder von den Grashalmen
befreit werden. Große Sauerei.

Mein Papa kam dazu und erzählte, er hätte mittags übrigens auch mit dem Franz vom Raiffeisen telefoniert, um sich
beraten zu lassen, wann er welches Spritzmittel am besten

aufs Roggenfeld vom Georg bringen muss, gegen den Braunrost. Am nächsten Tag sollte es regnen, dann könnte er nicht
mehr aufs Feld fahren, weil es zu matschig sein würde, darum
müsste er entweder gleich schnell los oder nächste Woche.
Der Franz meinte, nächste Woche wäre besser, dann ist der
Braunrost wahrscheinlich schon weiterentwickelt, und man
kriegt ihn so besser derwischt. Und dann hätten sie über die
Frage diskutiert, was heuer alles gefährlich werden könnte,
und der Papa erzählte von allen möglichen Pilzkrankheiten,
von Braunrost und Septoria, die sich jetzt wegen dem vielen
Regen ausbreiten, und von Mehltau und vom Fusarium, einem Pilz, der aus dem Boden heraus über Dauersporen die
Getreidepflanzen befällt, und dann drehte ich mich um, ging
ins Haus, die Treppe rauf in das hinterste Zimmer, machte die
Tür zu und setzte mich auf einen Stuhl ans Fenster.

Ich legte den Kopf auf das Fensterbrett.

Einatmen. Und aus. Und wieder ein.

Mein Kopf fühlte sich an wie eine Schüssel Haferfleks mit
Milch, die zu lange auf dem Tisch gestanden war, matschig
und verklumpt.

Ich dachte an die vielen Pilzkrankheiten und an den kaputten Spritzcomputer und das Korn-Kali auf meinem Rücken.
Alles suppte in meinem Kopf durcheinander. Ich dachte an
die echten Landwirte aus den Anzeigen und an meinen Opa
und daran, was er aus alledem gemacht hatte. Und an meinen
Vater. An sein Erbe.

Die Wahrheit ist, ich verstand das meiste hier nicht. Ich
ruderte und kämpfte um einen Überblick.

Es klopfte an der Tür. Mein Papa öffnete sie ganz vorsichtig
einen Spalt.

«Alles okay?»

«Hmm», sagte ich.

«Soll i wieder geh?»

«Naa.»

Ich schaute aus dem Fenster. «Geh ma kurz ins Wohnzimmer?»

Er nickte und ging rüber, setzte sich auf seinen Polstersessel und ich auf den Wippelstuhl daneben. Und machte puuuuhhhhh.

Mein Papa schaute mich bloß an und wartete.

«Es ist einfach viel», sagte ich dann. «Ich weiß nicht, was Septoria ist und ein Spritzcomputer und wie der gehen soll. Ich weiß nicht, wann was zu tun ist mit dem Getreide und den Fruchtfolgen und den Spritzmitteln und dem Dünger und den Maschinen. Man kann so vieles falsch machen, was Falsches entscheiden im falschen Moment, und dann ist das Grundwasser versaut oder der halbe Wald versehentlich abrasiert oder das Getreide von irgendeinem Pilz zerfressen. Und ich bin nicht hier. Und ich weiß nicht amal, woher man den Weizen kriegt, der auf die Felder gesät werden soll.»

«Vom Raiffeisen.» Mein Papa lächelte.

«Ha», sagte ich. «Ja dann.»

Da musste ich auch ein bisschen lächeln.

«Na ja, ich glaub schon, dass das erst amal viel wirkt. Aber dafür reden wir doch. Des lernst schon. Und so was, eine Landwirtschaft, das macht man nicht alleine. Das haben wir früher auch ned alleine gmacht. Da waren hier Knechte und Mägde, die ham auch viel gwusst, und wir haben uns mit anderen Bauern zamgetan oder mit Verwandten. Ich hab vorher mit dem Franz geredet, weil ich eben auch ned alles weiß. Ich weiß viel mehr wie ihr, das wird mir jetzt auch immer klarer. Aber ich frag genauso nach.»

«Hmm», sagte ich.

Eine Minute war es wieder still.

«Papa», fragte ich dann leise. «Kriang mia des hin?»

«Ja freilich.»

Er sagte das schnell und bestimmt, und er lächelte dabei.

«Warum bist du dir da so sicher?»

«Ja mei», sagte er. «Ma muas ned alles wissen. Aber ma muas wissen, wen man fragt. Und fragen, des kannst du doch, oder?»

Der Georg

Der weiße Škoda vom Georg rollte den Feldweg entlang. Vor der Kapelle blieb er stehen, der Georg stieg aus und ging langsam durch die Wiese auf mich zu.

«Servus», sagte er.

«Servus. Magst a Bier?»

«Gern.»

Ich holte zwei Helle aus meinem Stoffbeutel, hebelte sie mit einem Flaschenöffner auf und reichte ihm eines. Der Georg prostete mir zu und setzte sich neben mich auf die Bank. Wir tranken jeder einen Schluck.

«Und, was gibts?», fragte er.

Tja, dachte ich. Was gibts jetzt eigentlich? Ich hatte so viele Fragen, dass ich nicht recht wusste, wo ich anfangen sollte. Aber was ich wusste, war, dass mein Cousin, der Georg, derjenige war, den ich fragen musste. Er war in meiner Familie der, den man fragt. Mein Papa hat daheim immer so kleine Zettel rumliegen, auf denen obendrauf mit Kugelschreiber geschrieben «Georg» steht, und darunter mit Spiegelstrichen aufgelistet, was er demnächst mit ihm besprechen will. Der Georg weiß immer was dazu zu sagen oder weiß wen, der was dazu zu sagen weiß, oder er kommt vorbei und hilft.

Der Georg ist nämlich einer, der immer helfen kann. Weil er mit großen Maschinen umgehen kann und mit der Motorsäge und mit einem Presslufthammer und mit der Seilwinde. Er ist auch Landwirt und hat den Betrieb seiner Eltern, also von der Schwester meines Papas und ihrem Mann, schon vor vielen

Jahren übernommen und lebt da auch, in dem Ort, der aus zehn Häusern besteht, fünf Kilometer weiter.

Aus dem Hof selber haben er, seine Frau und seine vier Kinder einen Begegnungshof gemacht. Da wohnen heute nur noch ein paar Tiere – Kühe, Hühner, Katzen, Ponys, Lamas und ein Hund –, und die sind dafür da, von Kindern gestreichelt oder durch den Wald geführt zu werden. Der Georg bewirtschaftet die 25 Hektar Felder, Wald und Wiesen, die zum Hof gehören, aber er hat auch einige Hausdächer gemietet – unter anderem von meinem Papa –, um Fotovoltaikanlagen draufzubauen, und außerdem hat er sein eigenes Gewerbe zur Landschaftspflege. Er mäht also unendlich viele Wiesen und kümmert sich um die Wälder, die der Landkreis für die Naturerhaltung hält.

Der Georg ist also einer, der nicht sagt «Ich bin Bauer», sondern «Ich bin Unternehmer im ländlichen Raum».

Und nebenbei ist der Georg auch einer, mit dem man gerne ratscht. So ein gemütlicher Typ mit Schnauzbart und grüner Arbeiterhose, einer, der Witze erzählt wie: «Ein Reh bricht aus dem Wald. Bäääääh», und dann dabei unter seinem Käppi hervorlächelt.

Der Georg und mein Papa sind sozusagen Landwirtschaftspartner. Unsere Familien haben schon immer vieles miteinander gemacht, seit meine Tante Rita 1964 vom Hof weggeheiratet hat. Mein Onkel hat bei meinem Papa früher gedroschen, und später, wenn der Georg seine Felder geackert hat, hat er immer danach auch die von meinem Papa mitgeackert. Und mein Papa hat dafür danach auf allen Feldern gesät. Als der Papa noch gearbeitet hat, hat der Georg viel bei ihm mitgemacht, und seit seiner Pensionierung – das ist ja auch schon bald 20 Jahre her – hat er viel beim Georg gearbeitet.

Und jetzt, wo mein Papa nicht mehr so gut kann, macht der Georg wieder mehr.

Miteinander probieren sie auch neue Sachen aus. Einmal haben sie zum Beispiel beide Raps angebaut, das war aber nicht so der Hit, sagt der Papa, fragen Sie mich nicht, warum.

Wenn der Georg vorbeikommt und mäht oder einen Pflug bringt oder einen Bulldog holt, dann sagt mein Papa immer schnell zu ihm: «Magst no an Kaffee?» Und ich glaube ausschließlich deshalb, weil es eine seiner liebsten Beschäftigungen überhaupt ist, sich mit dem Georg an den Tisch zu setzen und über die neuesten Förderprojekte in der Gegend zu diskutieren oder über die Erträge der anderen Bauern oder coole neue Getreidesorten. Weil da ist der Georg immer bestens informiert. Er ist nämlich auch einer, der sich Vorträge namens «Landwirtschaft 2050» anhört und auf Versammlungen vom Maschinenring geht und vom Jagdverband und, und, und.

Ich glaube, ohne so einen Georg kann kein Betrieb überleben.

Ein paar Tage zuvor hatte ich ihn angerufen und gefragt, ob wir uns vielleicht treffen könnten. «Klar», hat er gesagt. Und da saßen wir jetzt auf der Bank bei der Kapelle. Es war ein Montagabend und noch ziemlich warm draußen. Der Mais vor uns war grün und die Wiese auch, und die Grillen waren entweder zu Tausenden um uns herum am Zirpen, oder es waren nur drei, und sie übten sich im Heiserschreien. Glaubt man gar nicht, wie laut so eine Wiese sein kann.

Wir ratschten über dies und das, über unsere Kinder und was sie alle so machen. Einer von Georgs Söhnen studiert gerade nachhaltige Landwirtschaft und Landschaftspflegemanagement. Er will einmal den Hof übernehmen und hat schon viele Ideen.

Und dann unterhielten wir uns ein bisschen über unsere Großeltern, darüber, dass sie bis vor 80 Jahren noch ein Drittel der Ernte von dem Weizenfeld da vor uns den Pferden und den Ochsen zum Fressen geben mussten – das war der Hafermotor –, und den Rest haben die Bauern selber, die Knechte und Mägde und die Kinder gegessen. Nur wenig konnte verkauft werden. Das wurde erst mit den Bulldogs besser, die nur Diesel gebraucht haben, und dem Dünger, damit mehr wächst, und den Spritzmitteln, damit noch mehr wächst.

Man muss sich klarmachen, sagte der Georg, dass es für alles einen Grund gab. Zu dem Zeitpunkt, wo das so gemacht worden ist, war das auch richtig. Jetzt ist halt ein anderer Zeitpunkt.

Und er erzählte davon, dass er bald gemeinsam mit einigen seiner Kinder und vielen anderen Helfern einen großen Hang in der Oberpfalz abmähen würde. Drei Wochen lang jeden Tag Mähen und Rechen und Gras-Aufladen. «Da braucht man keinen Psychologen und keinen Fitnessclub und keinen Work-Life-Balance-Coach mehr, das ist da alles in einem.» Ich lachte und fragte, ob ich mal mitdarf.

«Klar», sagte der Georg. «Da kimma auch Ungelernte brauchen.»

Ich schrieb mir also gleich in mein Handy als Erinnerung: «Mit Georg zum Mähen». Dann hörten wir einen Moment wieder den brüllenden Grillen zu.

Und dann traute ich mich.

«Oiso. Du weißt ja, dass der Papa jetzt übergeben will.»

«Hab i scho ghört, ja.»

«Und ich ... also um ehrlich zu sein, versuch ich jetzt zu verstehen, wie Landwirtschaft geht. Ich hab doch ziemlich wenig mitgekriegt.»

«Ihr habts euch halt auf euren Papa verlassen», sagte der Georg.

«Ja, das stimmt schon. Ich glaub, bisher hatte keiner das Gefühl, dass wir uns kümmern müssen. Des war immer des Ding von unserem Papa gewesen. Aber jetzt müssen wir. Der Papa hat gsagt, lang will er es nimma machen.»

«Hmm.»

Der Georg trank einen Schluck Bier.

«Und wollts ihr des selber weiter bewirtschaften?»

«Eigentlich schon. Ich frag mich nur, ob wir das können.»

«Ah ja», sagte der Georg, «des geht scho. Und ich würd euch auch dazu raten, weil dann habts ihr selber die Hand drauf. Dann entscheidets ihr, was gemacht wird, auch ökologisch, also wie viel Gülle draufsoll und wie oft und was gespritzt wird.»

«Hmm.»

«Für Landwirte ist es immer ein Abwägen zwischen Ökologie und Gewinnmaximierung. Dein Papa und ich, wir wirtschaften identisch. Wir machen einen Kompromiss.»

«Ich weiß», murmelte ich. «Sag amal. Wenn der Papa nicht mehr mag. Würdst du uns dann helfen?»

«Sicher», sagte der Georg. «Des mach i gern. Wenn ihr des wollts. Wenn nicht und ihr was anderes vorhabts, ist das auch okay für mich.»

Ich lächelte.

«Schaut nicht so aus.»

Willkommen in der GbR

Ab dem 1. Juni 1974 hätte meine Oma bei meinem Papa jeden Tag einen Liter frische Kuhmilch abholen können und einen halben Liter gutes Bier. Außerdem jede Woche drei Pfund Roggenbrot, ein Pfund Wurst, zwei Pfund Fleisch, ein halbes Pfund Butter, zehn frische Hühnereier und ein Viertelpfund Kaffee.

Soweit ich mich erinnere, hat meine Oma nichts dergleichen von unserer Speisekammer in ihre Küche rübergetragen, aber sie hätte es machen können, denn so stand es im Übergabevertrag.

Diesen Vertrag hat sie damals, vor fast 50 Jahren, mit meinem Papa abgeschlossen, und alles darin war ziemlich genauso formuliert, wie es damals in Bayern üblich war. Kurz und zusammengefasst: Mein Papa bekam Haus und Hof, also den gesamten landwirtschaftlichen Betrieb mit allen Gebäuden und Geräten und dem Land, und dafür verpflichtete er sich, meiner Oma auf Lebenszeit ein unentgeltliches «Leibgeding» zu gewähren. Sie bekam also Essen und Trinken, und er baute ihr eine kleine Austragswohnung im Erdgeschoss des Wohnhauses. Und da lebte meine Oma. Sie hatte zwei Zimmer, in einem gab es eine kleine Küchenzeile mit einem Holzofen und einem Elektroherd. Auf dem kochte sie aber nicht so oft, weil sie die meiste Zeit bei uns drüben in der großen Wohnküche mitaß. Aber wenn, dann fabrizierte sie da den besten Schweinebraten der Welt. (Entschuldige, Mama, deiner ist auch super.) In der Küche gab es noch ein Kanapee, einen Fernseher und eine kleine Eckbank, an der wir oft miteinander

Schafkopf gespielt haben, der Einsatz waren ein paar Pfennige aus einem Weidenkörbchen. Im anderen Zimmer waren ihr Bett, ein großer Eichenschrank und ihre alte Nähmaschine, an der sie manchmal am Nachmittag saß, mit einem Fuß an der Kurbel flickte sie ihre Schürzen. Mit der Landwirtschaft hatte sie meine gesamte Kindheit über kaum was zu tun, sie half höchstens ab und zu meinem Papa im Wald oder hackte draußen Holz für den Ofen und richtete es im Holzschuppen auf – aber die Hühner gehörten ihr. Jeden Morgen kämmte sie ihre langen, weißen Haare, steckte sie zu einem Dutt nach oben, zog sich eine ihrer bunten Hausschürzen an und ging zu ihnen. Sie brachte ihnen Futter, holte die Eier rüber und machte daraus Hefezopf oder Spätzle. Wir hatten, soweit ich mich erinnere, nie mehr als zehn Hühner, die Ausbeute an Eiern war also überschau- und verkochbar.

Meine Oma bekam damals ungefähr 500 Mark Rente von der landwirtschaftlichen Alterskasse und noch 100 Mark Taschengeld von meinem Papa, was er ihr der Überlieferung nach aufschwatzen musste («des nimmst etz und dann gibstas halt de Enkelkinder»). Sie hatte also ihr eigenes Geld und mochte es gar nicht, wenn meine Tanten oder meine Mama ihr zum Beispiel mal was Neues zum Anziehen brachten. Sie hatte so ein altes grünes Radl, mit dem sie bei jedem Wind und Wetter überall hinfuhr, auch als sie schon fast 90 war – in die Kirche, zum Doktor und eben auch zum Einkaufen. «Ich brauch ned viel», hat sie gesagt, «aber des, was ich brauch, des wui i ma selber kaufen.»

Dass mein Papa den Hof einmal übernehmen und weiterführen würde, war seit seiner Kindheit glasklar. Das hat zum einen natürlich damit zu tun, dass er von den fünf Kindern der einzige Sohn war und zu der Zeit die Bauernhöfe üblicherweise an diesen gingen. Aber nicht unbedingt – es waren schließlich auch da schon die Sechzigerjahre, und er hätte auch sagen können: «Ich zieh jetzt nach Schwabing und werd Künstler.» Meine Großeltern hätten vielleicht die Augenbrauen hochgezogen und bestimmt kurz gemurrt und dann gesagt: «Ja, dann gehst halt, servus.» Aber das wollte er nicht. Er sagt auch heute noch mit voller Überzeugung, dass er nie was anderes werden wollte als Bauer.

An den Tag der Übergabe, das war der 3. Mai 1974, erinnert sich mein Papa gar nicht mehr so genau. Es war ja alles schon vorher ausgemacht gewesen, sagt er. Meine Tanten waren längst weg von zu Hause und verheiratet – drei von ihnen Bäuerinnen auf anderen Höfen –, sie haben zur Hochzeit Geld und eine Aussteuer gekriegt, und als 1970 meine Großeltern alle verbliebenen sieben Kühe verkauft hatten, bekamen sie auch das Geld davon (das war für damals nicht wenig), und alles andere ging an meinen Papa.

Auch das war üblich, denn allen war wichtig, dass die Höfe zusammenblieben, damit das Land vernünftig weiterbewirtschaftet werden konnte, und dass die Eltern gut versorgt waren. Also fuhren mein Papa und die Oma mit dem Auto zusammen zum Notar, setzten sich an den Tisch, unterschrieben den Standardvertrag, den der Notar vorbereitet hatte, und dann ging alles ziemlich genauso weiter wie vorher.

Also, bis auf die Tatsache, dass mein Papa dann zwei Jahre später meine Mama heiratete, die – auch von einem niederbayerischen Hof – zu ihm zog.

Die zwei haben sich beim Studieren in Weihenstephan kennengelernt. Sie hatte immer ihre eigenen Jobs und Interessen, sie lebt quasi im Garten und in der Küche, mit der Landwirtschaft meines Papas hat sie darum nie so viel am Hut gehabt. Das ganze Land gehört auch ihm, darum wird sie hier, das sollte man vielleicht einmal anmerken, so selten erwähnt. Jedenfalls haben die beiden zusammen vier Kinder bekommen, also uns. Und wir sind nun alles keine Landwirtinnen oder Landwirte.

Mein Bruder Wolfgang, der einzige Sohn hier, ist Architekt, und er lebt in Zürich (da haben meine Eltern vermutlich tatsächlich einmal gesagt «Ja, dann gehst halt, servus»). Meine große Schwester Elli unterrichtet psychisch kranke und suchtkranke Straftäter in Regensburg, meine kleine Schwester Johanna ist Ingenieurin und lebt in Augsburg und ich, na ja, Sie wissen es.

Wie sollte es also mit so einem Haufen weitergehen?

So richtig eine klare Idee, sagt mein Papa, hatten er und die Mama dazu nie gehabt. Sie hatten sich auch keinen Plan zurechtgeschustert. Sie haben einfach weitergemacht, und plötzlich waren sie alt und mussten sich was überlegen.

Aber irgendwann in diesem ganzen Prozess, der dem Anruf im Treppenhaus folgte, in den vielen Gesprächen – miteinander und mit anderen Familien, die schon Landwirtschaften übergeben haben – fiel dieses Wort: GbR.

Ich weiß nicht mehr, wie und wann es aufkam, ich hab auch noch mal in die Runde gefragt, keiner erinnert sich genau an den Ursprung. Ich glaube, irgendein anderer Bauer, den irgendwer kennt, hat das mit seinen Kindern so gemacht. Auf einmal jedenfalls war die Idee da, und sie schien für uns geradezu geschustert worden zu sein. Denn mit einer GbR, einer Gesellschaft bürgerlichen Rechts, könnten wir alles gemeinsam bewirtschaften, wir vier Geschwister und unser Papa. Klang doch nach einem guten Plan, oder? Für uns tat es das jedenfalls – auch wenn keiner so richtig wusste, wie GbR geht.

Das hinderte uns aber nicht daran, eine erste Sitzung auszurufen, an einem Mittwochabend im Juni 2021.

Kurz vor halb neun quetschte ich mich also ins Wäscheständerbüro an den Laptop, klickte auf den Link, den mein Bruder gerade per Whatsapp verschickt hatte, und dann waren meine Geschwister und ich alle bei unserem Papa in seinem Arbeitszimmer auf dem Hof. Im Hintergrund, aufgereiht auf einem Holzbrett an der Wand, seine Sammlung von Steinkrügen, die Miezekatze schnurrte neben ihm auf dem zweiten Bürostuhl, und er winkte – die runde Brille auf der Nase und offensichtlich einen Stapel Papier vor sich – in die Kamera.

«Jetzad», sagte er, «sind alle da.»

«Ja wart», sagte mein Bruder. «Ich brauch noch schnell an Löffel.»

Er sprang wieder auf von seinem Küchenstuhl und lief weg, wir hörten es rappeln, und dann kam er wieder, setzte seine kleine Tochter auf seine Knie und fütterte ihr irgendwas Gelboranges in den Mund. Sie klatschte in die Hände und grinste in die Kamera.

Wie auf Kommando schnitten wir Tanten Grimassen. Pfffffffrrr, lululu, guguck, «Ja bist du no gar ned im Bett!».

«Na, des wird grad nix vor neine.»

«Vielleicht machst amal des Licht aus.»

«Des hama ah scho probiert, aber ...»

Und dann fingen wir erst mal an, uns über Kinderschlafenszeiten und Kinderbreiessen und den ganzen Klabims auszutauschen, und lachten und machten blöde Witze, und meine kleine Nichte verteilte derweil den Brei auf dem Laptop meines Bruders, pfffffrrrrrr. Bis mein Papa irgendwann sagte: «Jetz dad i sang, fang ma mal an.»

Da war Ruhe.

«Oiso», begann er und beugte sich am Schreibtisch zu den Zetteln runter. «Habts ihr alle den Vertrag bekommen?»

Wir nickten. Ich Streber hatte ihn sogar ausgedruckt.

«Gesellschaftsvertrag» steht da ganz oben drauf.

«Geh mas amal durch. Seite 1, Paragraf 1. Habts des?»

«Ja.»

«Jawoll.»

«Jap.»

«Warts schnell, ich brauch kurz an Schnuller, bin glei wieder da.»

Wir warteten schnell. Dann kam mein Bruder mit Tochter und Schnuller zurück zum Bildschirm.

«So jetzt.»

«Oiso», sagte mein Papa, jetzt schon ein wenig nachdrücklicher. «Zweck der Gesellschaft ist die gemeinsame Bewirtschaftung und Verpachtung des in der Vorbemerkung genannten landwirtschaftlichen Betriebes oder von Teilen davon. Okay?»

«Okay.»

«Basst.»

«Kurze Frage», warf ich ein. «Was können wir denn jetzt an wen verpachten, wenn uns noch nix gehört?»

«Ja, die Idee ist, dass wir gleich mit der GbR anfangen und das ans Finanzamt melden, und ich verpachte erst mal den gesamten landwirtschaftlichen Betrieb an die GbR. Die nächsten zwei, drei Monate jedenfalls, bis ich euch dann im Winter alles übergeb.»

«Das heißt, wir pachten von dir? Und zahlen dann auch Pacht?»

«Ja klar, aber das machma dann wieder mit dem Gewinn.»

«Oh, das klingt kompliziert.»

«Ja», sagte mein Papa. «Ich muss selber schaun, dass ich da ned durcheinanderkomm. Aber so muss man des machen, sagt jedenfalls der Meier.»

Ach, der Meier. Alle nickten. Der Meier war dem Papa sein

Steuerberater vom Bauernverband. Vielleicht hatte auch er ihm das mit der GbR empfohlen? Wie gesagt, das weiß heute keiner mehr. Der Meier jedenfalls beriet den Papa in allen Steuer- und Rechtsfragen, und vom Bauernverband hatte der Papa auch den GbR-Vertrag, den wir da gerade durchackerten.

«Jetzt zweitens: Der Name der Gesellschaft lautet ‹Familie Roßbauer GbR›.»

Ui, schön, dacht ich mir. Aber gleichzeitig: Wenn wir das alles in dem Tempo weiter gemeinsam durchlesen, dann schlaf ich ein. Ich stand also schnell auf, schob natürlich den Bürostuhl gegens Regal, rums, aber zum Glück blieb alles stehen, und ich machte das Licht an. Schon besser.

Es ging direkt weiter: Dauer (unbestimmte Zeit), Geschäftsjahr (in der Landwirtschaft immer vom 1. Juli bis zum 30. Juni), Gesellschafterversammlung, Stimmrechte und so weiter.

Wir beschlossen, uns einmal im Monat zu einer Videokonferenz zu treffen und alles gemeinsam zu entscheiden, was 5000 Euro Investition überstieg, den Rest konnte der Geschäftsführer auch alleine einkaufen.

«Dann kämen wir zur Wahl des Geschäftsführers. Ich würd mich zur Wahl stellen», sagte Papa und lächelte in die Kamera.

«Wer ist dafür?»

Hui, da flogen die Hände grad so hoch.

«Moment, ich mach 'nen Screenshot», rief ich und jonglierte ein bisschen, bis ich eine Methode gefunden hatte, wie man gleichzeitig einen Arm heben und mit beiden Händen drei Knöpfe drücken konnte (der Trick ist: Ellenbogen heben), klick, und es war besiegelt.

Das sollten Sie mal sehen, das Bild: ein Mann mit grauen Haaren und vier Erwachsene um die 40, die alle aussehen, als hätten sie ein Neonschild «Gott sei Dank» auf der Stirn kleben.

Schon lustig, da sollten wir Geschwister alle Land bekommen und wahrscheinlich gäbe es viele Menschen, die vor Freude in die Luft hüpfen, alles schnell verkaufen und sich davon ... na ja, für ein Haus würde es nicht reichen, zumal das ja alles Betriebseigentum ist und damit die Hälfte des Geldes bei einem Verkauf direkt an den Staat gehen würde. Vielleicht täten die sich also ein kleines Segelboot kaufen. Wir aber saßen alle in unseren Schlafzimmerchen und Wäscheständerbüros und den rosa Einbauküchen und waren froh, dass sich unser Papa noch ein bisschen länger mehr oder weniger darum kümmert. Weil wir dann wussten, dass es dem Land gut geht.

Und vor allem waren wir uns darin einig, wie es weitergehen sollte, und das ist schon ein großes Glück, das muss man hier vielleicht auch einmal sagen, weil Sie haben sicher schon davon gehört, dass das bei Hofübergaben nicht immer der Fall ist, alter Schwede, da gibt es Geschichten.

Paragraf 8, Kündigung der Gesellschaft.»

Huch, da hatte ich glatt ein paar Abschnitte verträumt. Aufgewacht!

«Die Kündigung, gleich aus welchem Grund, ist schriftlich gegenüber allen anderen Gesellschaftern zu erklären.»

«Basst.»

«Okay.»

«Okay.»

«Dann simma bei Paragraf 9: Tod eines Gesellschafters. Beim Tod eines Gesellschafters wird die Gesellschaft mit dessen nachfolgeberechtigten Erben oder Vermächtnisnehmern fortgesetzt. Nachfolgeberechtigt sind Mitgesellschafter, Abkömmlinge oder Ehe-/Lebenspartner ...»

Aaaah, und da waren wir jetzt bei so einem Punkt. Warum standen bei Paragraf 8 nur drei Sätze, und der Tod eines Gesellschafters füllte eine ganze Seite? Warum war das alles so formuliert, dass es vor allem auf meinen Papa passte?

Ich verzog das Gesicht und versank im Bürostuhl.

Mein Papa sagte in letzter Zeit oft diesen Satz, dass man Dinge «mit der warmen Hand» vererben muss. Das heißt, dass er es geregelt haben will, bevor er stirbt. Weil er irgendwann stirbt. Ich wollte das nicht hören, und es störte mich auch, dass er sich so auf seinen Tod vorbereitete, als stände der schon vor der Tür. Ich weiß schon, dass das klug ist und dass das wahrscheinlich jeder mal machen sollte. Aber dann kommt es auch so nah. Zumindest für einen Moment. Also weiter.

«Brauchen wir dann eigentlich auch einen Pachtvertrag?», fragte ich.

«Ja, natürlich. Den hab ich euch auch gemailt», antwortete der Papa.

Huch, wo war der denn schon wieder hin? Ich klickte und klickte, ach da.

«Einheitspachtvertrag für die Verpachtung eines landwirt- schaftlichen Betriebes. Familie Roßbauer GbR.»

Bei der Gelegenheit muss ich kurz aufklären: Meinen Nach- namen schreibt man eigentlich mit ß. Ich hab das nur eigen- mächtig umgestellt, weil dieser Buchstabe immer so schwer zu erklären ist, vor allem im Ausland. Mein Papa aber natür- lich nicht. Jedenfalls gingen wir jetzt noch mal acht Seiten Paragrafen durch, es ging um Pachtgegenstand, Pachtzeiten und Dauer und, und, und. Aber dann, am Schluss, hatte mein Papa mit Filzstift bei den zusätzlichen Vereinbarungen hinge- schrieben: «Im Pachtvertrag eingeschlossen ist die kostenlose Nutzung der Maschinen und Geräte.»

«Des heißt», fragte ich, «du behältst die Geräte und die Bulldogs?»

Mein Papa atmete tief ein, was hieß: Oh, da war wieder was kompliziert.

«Erst mal scho», sagte er. Weil ja viele Geräte zu einem oder zu zwei Dritteln oder zur Hälfte dem Georg gehörten, hatte keiner so richtig einen Plan, wer das denn nun wie bekommen sollte. Vielleicht ein paar Dinge der Georg, ein paar wir? Hmm. Darum hatte der Papa beschlossen, das alles noch nicht zu übergeben, aber mit den Verträgen hatten wir – also auch ich – alle Geräte und Maschinen schon mal gepachtet. Ich könnte also jederzeit einen der Fendts nehmen, eine halbe Sämaschine ankoppeln und losdüsen, sollte mir danach sein.

Vielleicht könnte ich mal hier im Schanzenpark ein paar bunte Blumen ansäen? Oder bei mir in der Straße die kleinen Erdflecken ackern, da, wo die Hunde immer hinscheißen und so die Brennnesseln um die Bäume wuchern? Ach nein, der Pflug gehört ja auch dem Georg. Außerdem würde ich mit einem der Fendts von Bayern nach Hamburg vermutlich 40, 50 Stunden brauchen. Aber wenn ich die Radlwege nehmen und vielleicht noch einen extra Tank hintendraufhängen würde ...

«Was ist denn eigentlich Unland?», fragte da plötzlich eine meiner Schwestern in meinen schönen Traum rein.

«Ach ja», sagte der Papa. «Ja mei.»

Er zuckte mit den Schultern, und auch die Gesichter meiner Geschwister sahen ein wenig ratlos aus. Wir waren inzwischen beim Anhang, Betriebsbeschreibung. Und unter «sonstige Nutzfläche» standen da bei Wald, Gewässer, Gebäudeflächen, Wege, Geringstland, Unland jeweils ein paar Zahlen, null Komma irgendwas Hektar. Dieses Unland hatte zum Beispiel 0,019 Hektar, was immerhin auch 190 Quadratmeter sind und damit fast doppelt so groß wie unsere Hamburger Wohnung.

«Des stand halt so im Grundbuch», meinte der Papa. Vermutlich waren das irgendwelche landwirtschaftlich nicht nutzbaren Randstreifen. Man weiß es nicht. Aber Funfact: Ich werde bald nicht nur Land besitzen, sondern auch Unland. Hihi.

Und noch ein lustiges Detail aus dem Pachtvertrag: Wir verpachten dem Hopfenbauern nur den Acker, die Gerüste und auch die Hopfenpflanzen selber gehören ihm. Sollten wir ihm also im Jahr 2035 kündigen, müsste er die Hopfenstöcke ausgraben und mitnehmen. Ich stellte mir vor, wie da 200 fleißige Zwerge mit Bulldogs und Wägen angekarrt werden, mit winzigen Spateln auf das Feld tippeln und schnell, schnell haufenweise Löcher graben und ... Ja, langt schon wieder. Sie sehen schon, das ist leicht absurd.

Der Papa zählte noch auf, was wir alles für Versicherungen abschließen müssen beziehungsweise was er jetzt dann alles umschreiben lassen würde auf die GbR, und da wurde mir schon kurz schwindelig. Achtung: Betriebshaftpflichtversicherung 519 Euro pro Jahr, die deckt alle Schäden von uns und den Pächtern ab, und das ist ja auch nicht ohne, wenn einer zum Beispiel einfach mal Öl auf einem der Felder verliert und das ins Grundwasser sickert, uiuiui. Dann Landwirtschaftliche Inhaltsversicherung als Feuerversicherung für Maschinen und Geräte sowie Ernteprodukte 96,50 Euro; Landwirtschaftliche Berufsgenossenschaft, also die Versicherung für landwirtschaftliche Unfälle 253 Euro, einen großen Teil von dem hohen Betrag macht die gefährliche Waldarbeit aus – und noch ein paar Versicherungen.

Alles in allem klang das aber so krass viel, dass ich mich kurz gefragt hab, ob wir der Einfachheit halber gleich die kompletten Einnahmen aus der Landwirtschaft an die Allianz oder wen überweisen sollten. Aber irgendwie war ich auch froh. Weil, dass in der Landwirtschaft extrem viel passieren kann, das hab ich jetzt auch gelernt, und wenn was passiert, dann ist gleich mal viel hin, das Grundwasser, der Riesenbulldog oder ein ganzes Gebäude. Und wenn wir uns da nicht vernünftig darauf vorbereiten, sind wir schnell am Arsch.

Wir diskutierten noch eine Weile darüber, wo wir das Konto eröffnen sollten und wie viel das wohl kostet, bis ich endgültig meine Augen nicht mehr aufhalten konnte und eine Vertagung auf die nächste Sitzung beantragte.

Es wurde genickt und gewunken, tschüss, Licht aus.

In der Nacht polterten die ganzen Versicherungen und möglichen Schäden und Paragrafen durch meinen Kopf, ich träumte wilde Dinge, und am nächsten Morgen fiel mir auf: Wir hatten nicht eine Minute darüber geredet, was eigentlich wann angebaut werden soll.

Landwirtschaft = Papierkrieg.

Ein paar Wochen später haben wir wieder Kind und Kegel nach Bayern verfrachtet, der Papa hatte einen Termin beim Meier, und ich kam mit.

Er hatte seine Lederaktentasche dabei, und darin waren der GbR-Vertrag und der Pachtvertrag, von uns allen unterschrieben.

Wir gingen zum Meier ins Büro, der Papa klappte die Aktentasche auf und reichte dem Steuerberater alles unter einer großen Glasscheibe hin.

Der Meier blätterte langsam alles durch und murmelte hier und da ein paar Absätze vor, und wir saßen ganz gespannt auf unseren schwarzen Stühlen vor ihm.

«Ois klar», sagte er irgendwann. «Miassat bassn.»

Dann legte er den Vertrag auf einen Stapel neben sich.

Und weil laut Wikipedia steuerlich jeder Landwirt ist, der «den eigenen oder gepachteten Boden zur Erzeugung landwirtschaftlicher Produkte bewirtschaftet», bin auch ich jetzt, seit dem 1. Juli 2021, Landwirtin.

Wir Großstadtbäuerinnen

Wenn ich meinen Stadtfreunden erzähle, dass ich jetzt auch Landwirtin bin, dann fragen sie: «Wie macht ihr das denn so ökologisch?» Oder: «Das ist doch bestimmt toll da für die Kinder, nicht?» Dann sag ich meistens ja, toll, und erzähle von den Buchen und den Douglasien, vom Tomatengießen und von der Miezekatze, und dann schwenken wir über zum Bulldogfahren, und da bleiben wir hängen, weil das finden alle wahnsinnig interessant. Ich habe den leisen Verdacht, dass ich sehr viel Geld damit verdienen könnte, würde ich allen meinen Stadtfreunden ein paar Stunden Bulldogfahrt ermöglichen, einmal über das Feld ocken und was Schweres aufheben oder einen Wagen anhängen und dann ... Aber ich wollte was anderes erzählen. Wenn ich nämlich darüber mit Menschen rede, die selber aus einer Landwirtschaft kommen, dann fragen die als Erstes immer was anderes, nämlich: «Wie viel Hektar habt ihr?» Meine Freundin Hanni ist so eine, und als ich ihr gesagt habe: «Insgesamt 14», ist sie vor Lachen fast vom Stuhl gekippt. Hanni, muss man wissen, kommt aus einem Hof in Schleswig-Holstein. Ihre Familie hat gut 230 Hektar, die eine Hälfte sind Wiesen und Ackerland, hauptsächlich bauen sie Gerste an, Mais und Triticale, die andere Hälfte ist Wald, ihr Papa jagt selber. Und dann haben sie noch 20 Teiche mit eigener Fischzucht und 120 Milchkühe. Hanni kommt also von einem ziemlich großen Hof, selbst für Schleswig-Holstein, und was ich damit meine, das kann ich jetzt nur durch ein bisschen Statistik erklären, also Achtung:

Im Jahr 2020 gab es in Deutschland 262 776 landwirtschaftliche Betriebe. Mit Abstand die meisten davon sind in Bayern, insgesamt 84 756 (ungefähr ein Drittel). Landwirtschaftlich genutzt wird in Bayern insgesamt 3 107 697 Hektar Land, heißt nach Adam Riese: Da bewirtschaftet ein Bauer durchschnittlich 37 Hektar. In Schleswig-Holstein sind es aber durchschnittlich 81 Hektar und in Mecklenburg-Vorpommern 281 Hektar.

Der Grund dafür ist, dass im Norden und Nordosten Landwirtschaft früher von Adeligen oder Großgrundbesitzern quasi gemanagt wurde, in großen herrschaftlichen Gutshöfen. Denen gehörten riesige Landflächen, und auf denen fuhrwerkten die Bauern mehr so als besitzlose Landarbeiter herum. Dann kamen im Nordosten mit der DDR die Bodenreformen, und fast alles ging an die landwirtschaftlichen Produktionsgenossenschaften, die LPGs, und die volkseigenen Güter. Nach der Wende ging alles dann meist an privatwirtschaftliche Organisationen. Darum werden zum Beispiel in Mecklenburg-Vorpommern heute 38 Prozent der landwirtschaftlichen Betriebe der Rechtsform nach von Firmen geführt. In Bayern waren 2020 hingegen 92 Prozent der Agrarbetriebe Einzelunternehmen, zuallermeist von Familien geführt. Der «bäuerliche Familienbetrieb» ist in Bayern ein strukturpolitisches Leitbild, und das hat auch wiederum mit der Geschichte zu tun. Noch 1840 waren zwei Drittel der bayerischen Bevölkerung Bauern, viele im Nebenerwerb, sie arbeiteten also wie meine Vorfahren als Zimmerer, Schäfer, Metzger und eben auch auf ein paar Hektar als Landwirte. Das alles reichte dann eben gerade so, um sich und die Kinder zu ernähren. Auch 1977 noch hatten die Hälfte aller Landwirte in Bayern, die überhaupt Land besaßen, weniger als zehn Hektar. Mit den 14 Hektar galt der Hof meiner Familie damals in Bayern als mittelständischer

Betrieb. Bei uns im Dorf gehörte er sogar zu den größeren Bauernhöfen.

Und bevor ich jetzt wieder zu Hanni komm, will ich aus all diesen recherchierten Gründen noch mal einen kleinen Gruß an meine Freunde aus norddeutschen Landwirtschaften schicken: Fast die Hälfte aller Betriebe in Bayern haben auch im Jahr 2020 weniger als 20 Hektar Land – wie wir. Das könnt ihr gerne selber nachschauen auf den Seiten vom Statistischen Bundesamt. Im Süden sind wir also völlig normal. Also bitte!

So, jetzt geht es weiter: Hanni hat fünf Geschwister, drei davon sind Brüder, und alle sind Landwirte. Bei ihr war schon immer klar, dass der Älteste den Hof übernehmen wird, und das hat er inzwischen auch schon zu großen Teilen gemacht. Sie selbst ist Lehrerin und wohnt mit Mann, zwei Kindern und schwanger mit dem dritten in einer Zweizimmerwohnung in Eimsbüttel.

Hanni zu treffen und mit ihr zu ratschen ist für mich immer besonders. Ich glaube, ihr geht es ähnlich. Denn auch, wenn es einen entscheidenden Unterschied in unserer beider Herkunft gibt – nämlich den, dass sie aus einem Hof kommt, der die Existenz der Familie sichern musste, und ich nicht –, glaube ich, dass sie und mich vieles verbindet. Wir kommen aus etwas, das mehr ist als bloß ein Wohnhaus. Etwas, das nur wir Landwirtstöchter kennen.

An einem Tag im Juli waren Hanni und ich also auf einen Kaffee verabredet, an der Elbe, der Brücke 10, einem meiner Lieblingsorte in der Stadt. Ich saß schon oben auf der Terrasse auf einer Bank, und natürlich schaute ich beim Warten in mein Handy. «15 Minuten zu spät, entschuldige», ploppte da plötzlich auf. Ich schob es weg und las wieder ein bisschen die Nachrichten. Da blieb eine Frau neben mir stehen, sie hatte kurze Haare, eine Jogginghose an und einen Wanderrucksack auf dem Rücken.

«Schauen Sie doch nicht in Ihr Handy», sagte sie. «Schauen Sie hierhin», sie deutete auf den Hafen direkt vor mir und die Kräne gegenüber, «das ist doch viel schöner.»

Ich lächelte. «Ja, da haben Sie eigentlich recht.»

Ich legte mein Handy zur Seite.

«Wissen Sie, ich bin eine Hamburger Deern, ich kenn das hier schon ewig, aber für mich gibt es nichts Schöneres.»

«Ich komm aus Niederbayern», sagte ich, «aber ich lebe schon seit einigen Jahren in Hamburg, und ich …»

«Ach», sagte sie. Und dann lehnte sie sich an das Geländer, und ich vermute: Sie hat den Nachsatz, dass ich hier lebe, nicht gehört, oder es wurde durch mein rollendes R übertüncht. (Das ist mir schon öfter passiert, dass man mich wegen meines Dialekts für eine Touristin hält.) Vielleicht wollte sie auch einfach nur reden. In jedem Fall legte sie los.

62 Jahre sei sie alt und frisch berentet. Seither gehe sie immer hier spazieren, jeden Tag. Die Elbe, das sei das beste und natürlichste Antidepressivum. «Wir Hamburger haben hier alles, was wir brauchen. Wir müssen nicht in den Urlaub fahren. Alles hier ist grün, in jeder Straße wächst zumindest ein Busch, sogar die Neubaugebiete werden grün bepflanzt. Und diese Parks hier», sie schwenkte nach links und deutete irgendwo in die Ferne, «die sind doch wunderbar. Und ständig entdeckt man was Neues. Neulich bin ich im Stadtpark gewandert, und obwohl ich das schon so oft gemacht hab, hab ich jetzt erst gesehen, dass da ein riesiger Eisbär steht, ist das nicht toll?»

Ich nickte, und mir fiel auf, dass ich noch kein einziges Touristendings in Hamburg mitgemacht habe. Gut, bis auf: genau hier rumzuhängen, an der Brücke 10. Aber außer die-

sem Ort, höchstens mal eine Hafenrundfahrt. Und die Elb-
philharmonie. Okay, ich hab schon ein paar Klassiker gesehen,
aber mein Punkt ist: Hamburg ist für mich keine Stadt, in der
ich zum Anschauen bin.

Ich lebe hier.

Und um ehrlich zu sein, bin ich hier auch nicht zufällig gelandet. Ich hab mich als Teenager in den Hip-Hop verliebt, und
da ist Hamburg natürlich die wichtigste Stadt in Deutschland
(entschuldigt, München und Berlin, ihr habt auch tolle Rapper,
aber was soll man sagen, Hamburg gewinnt). Hamburg war
meine musikalische Heimat, lange bevor ich jemals da war.
Vor zehn Jahren hab ich zum ersten Mal hier gelebt. Damals
war der Winter sehr kalt, ich bin mit meiner besten Freundin
über die zugefrorene Alster gelaufen, und wir haben auf die
glitzernde Stadt geschaut – es gibt kaum etwas Schöneres.

In Hamburg finde ich die Weite, die ich brauche, und zwar
genau hier an der Elbe. Ich mag die Hanseaten mit ihrer
zurückhaltenden Höflichkeit und, das können Sie mir als
Hallertauerin glauben: Hier gibt es außerhalb Bayerns das
beste Bier. Ich wollte hier leben, in Hamburg.

Meine Kinder wachsen hier auf, als ob ihnen die Stadt
gehört. Es sind ihre Spielplätze und ihre Straßen, und alle im
Viertel kennen sie. Sie gehören hierher. Und trotzdem ist ihre
Kindheit so anders als meine, und diesen Gedanken werde ich
nicht los. Wir haben keinen eigenen Garten, keinen Raum für
andere Tiere als ein paar Schnecken. Ich vergleiche das immer
wieder im Kopf mit dem, was ich erlebt habe. Das nennt sich
Referenzerfahrung, ist ganz interessant, googeln Sie das mal.
Ich weiß schon auch, dass meinen Kindern das wurscht ist, wie
ich aufgewachsen bin, die hinterfragen ihr Leben ja nicht.

Aber ich hab oft das Gefühl, ihre Kindheit, das kann nicht
richtig sein. Also kann ich hier auch nicht richtig sein.

Sollte ich also wegziehen? Zurück in das richtige Leben, aufs Land – jetzt, wo es einen Anlass gäbe?

«Und waren Sie schon mal im alten Elbtunnel?», hörte ich da wieder wen sagen. Ach, die Frau stand ja immer noch da.

Ich schüttelte den Kopf.

«Was! Ja, da müssen Sie reingehen, das ist noch richtige Ingenieurskunst, da gibt es immer wieder diese Fliesen, die eigentlich kleine Kunstwerke sind, am liebsten mag ich die mit den Ratten in den Stiefeln.»

Sie empfahl mir noch diese Treppe da hinten am Hafen, 140 Stufen könne man da hochgehen, das sei zwar hart, würde sich aber lohnen, weil Aussicht. Und den Alsterwanderweg sollte ich auch mal machen, da macht es puff, und dann steht man direkt an der Alster. Dann erzählte sie noch von diesen Booten mit der flachen Nase, die die großen Schiffe durch den Hafen schubsen, und dann glitt das Gespräch ab zu einem Geschimpfe über Menschen, die nicht genug Abstand halten, und ich war gerade dabei zu überlegen, wie ich da jetzt wieder rauskomme, da stand Hanni vor mir.

«Hi, Tschuldigung», sagte sie und setzte sich neben mich.

«Ach, dann lass ich Sie wieder allein», sagte die Frau. «Schönen Tag noch und bleiben Sie gesund.»

Und weg war sie.

Hanni schaute mich leicht fragend an.

«Die hat mir gerade Hamburg verkauft.»

Wir gingen die paar Treppen runter zum Kiosk, holten uns Kaffee, und dann liefen wir ein bisschen das natürliche Antidepressivum entlang.

Immer wieder rauschte eines der Linienboote vorbei, und eine Möwe schrie wie im schönsten Hamburg-Heimatfilm, und ich erzählte von unserer ersten GbR-Sitzung und vom

Hopfen, Hanni von ihrem letzten Besuch daheim, und da fragte ich sie nach ihrer Kindheit. Und Hanni erzählte.

Dass sie und ihre Geschwister immer an Ostern im Wald die neuen Bäume gepflanzt haben, Buchen, Kiefern, Ahorn und Eichen. «Fest genug antreten», sagte sie, «und viele, viele Bäume pflanzen, da wird dann auch der Verbiss von den Wildtieren mit eingerechnet.» Dass sie morgens vor der Schule immer in den Melkstand gegangen sind und warme Milch fürs Frühstück geholt haben. Und von den Treibjagden, bei denen sie immer dabei waren. Da sind die Kinder ins Maisfeld gelaufen und haben einen Haufen Krach gemacht, damit die Wildschweine raustrampelten und die Jäger am Feldrand die dann erschießen konnten. Wenn die Kinder dann am Feldrand ankamen, mussten sie immer «Ich bins» rufen, damit die Jäger nicht versehentlich sie erwischten. Hanni kann auch selber ganz gut schießen, erzählte sie, sie war bei einem Fest vom Schützenverein auch schon mal die beste Schützin unter den Kindern.

Dann erzählte sie von den Festen bei ihnen zu Hause, wo man an den Karos am Hemd erkennen konnte, wie viel Hektar einer hat. Je mehr Karos, desto mehr Hektar. Ich weiß schon, dass das vermutlich nicht total ernst gemeint war, aber ich hab mich trotzdem heimlich gefragt, ob es wohl Hemden mit 14 Karos gibt. Und dass sie auf diesen Festen immer eine begehrte Tanzpartnerin für all die Landwirte ohne Karohemden war, die, die keinen Hof vererbt gekriegt hatten, weil sie vielleicht die zweiten oder dritten Söhne waren. Die wollten immer gerne mit ihr tanzen, solange bei ihnen die Hofnachfolge noch nicht geklärt war, danach wurde sie dann ein bisschen unattraktiver. (Ihren Mann hat sie in Hamburg kennengelernt, er ist Ingenieur, und ihre potenziellen Hektar waren ihm wurscht.)

Und sie erzählte vom Abfischen im Herbst, wo ihr Papa immer das Wasser aus einem Teich abließ, damit die Fische durch ein Rohr in eine Kiste schwammen, und die Kinder dann alle immer schnell, schnell die Karpfen und die Schleie und die Hechte auf einen Sortiertisch legen und auswählen mussten, welche gehen in den Verkauf, welche in den Winterteich. Arschkalt sei das gewesen, aber das hätte sie immer gern gemacht. Danach gab es jedes Jahr ein Lagerfeuer bei einem der Teiche, mit schwarzem Tee mit Rum für alle. Ihr Papa ließ im Winter auch immer einen der Teiche anstauen, und wenn es drei Tage unter minus zehn Grad hatte und er auf dem Eis nicht eingebrochen war, dann kam der ganze Ort zum Schlittschuhlaufen.

Und im Sommer flogen die Vögel dahin, weil sie versuchten, die Fische wegzuschnappen, die Eisvögel, die Graureiher und die Silberreiher, die Schwarzstörche und die Kormorane. Das ist einfach ein so schöner Ort, sagte Hanni.

Wir blieben einen Moment am Geländer stehen und schauten auf die Elbe.

«Hast du denn Heimweh manchmal?»

«Hmm», sagte Hanni. «Nach so was schon, ja. Aber ich bin schon sehr glücklich hier in der Stadt. Ich will auch hier bleiben. Bei all der Weite auf dem Land hab ich mich auch irgendwie gefangen gefühlt.»

Und dann erzählte sie von ihrer Jugend. Wie sehr sie da die Freiheit der Stadt vermisst hätte, die Freiheit in Form von Möglichkeiten. Sie hat Tenorhorn spielen gelernt, einfach, weil es nur einen Lehrer gab, der umsonst unterrichtet hat, und das war der Pastor. Und der Posaunenchor der Kirche hat noch ein Tenorhorn gebraucht. Sie konnte sich nicht so oft mit Freunden treffen, weil die Busse nur selten fuhren, sie hätte also gefahren werden müssen, und bei sechs Kindern haben ihre Eltern einfach nicht mehr alle überall hinkutschieren können.

«Mir als Erwachsener tut das hier gut», sagte sie. Aber gleichzeitig sieht sie, wie schwer es ihrer ältesten Tochter fällt, wenn sie von dort wieder wegmuss.

«Das kenn ich auch», sagte ich und dachte an einen meiner Söhne, der am liebsten den Rest seines Lebens auf einem der Fendts verbringen würde. Und beim Opa.

«Ich glaube, es ist so mit den festen Wurzeln, wie wir sie haben, dass es einen genauso fest verwurzeln lässt oder dass eben diese Wurzeln einen flexibler werden lassen. Ich hab das Gefühl: Egal was ist, ich könnte immer dahin zurückgehen. Ich würde zwar den Hof nicht selber machen wollen, aber ich will, dass den einer macht. Dass es weitergeht.»

Sie sei froh, dass ihr Bruder das übernimmt. Und so krass es bei einem Besitz von 230 Hektar Land klingt, Hanni sagt auch: Der Betrieb wirft, so wie er jetzt ist, gerade mal Geld für eine Familie ab. Ihr Bruder übernimmt den Hof mit Schulden. Und trotzdem: Die Kühe hergeben, das käme für ihren Vater nie infrage. Denn wer Kühe hat, der ist wer. Auch in Bayern haben wir früher immer gesagt, wenn zum Beispiel eine einen neuen Freund hatte: «Wie viel Kia hat er im Stall?» Das war zwar in meiner Kindheit schon mehr ein blöder Witz, aber auch ich hab immer noch gewusst, was der Satz eigentlich meinte, er war mehr oder weniger ein Synonym für «Wie ist denn sein gesellschaftlicher Status?».

Auch Land zu verkaufen, sagt Hanni, das macht man einfach nicht.

«Mein Opa, der hatte ein Auftreten wie ein Großgrundbesitzer, eher ein patriarchalisches», erzählte Hanni. «Mein Vater ist mehr der Typ, der sagt: ‹Ich bin Landwirt.› Mein Opa hatte einen Melker, mein Papa melkt selbst. Er hat alles immer selbst gemacht, aber genauso selbst entschieden. Er spritzt mit Überzeugung, aber mit Bedacht, verfüttert sein eigenes angebautes Futter an die Tiere, die Gülle kommt nur auf seine eigenen Felder. Er ist Jäger, aber einer, dem es darum geht, den Bestand zu schützen und zu wahren. Er freut sich, wenn er einen Hirsch sieht. Er züchtet nur Fisch, der ein Ökolabel kriegen könnte, aber Label findet er doof. Das braucht er nicht.»

Wir nippten vom Kaffee, und hinter uns zog eine Touristentruppe durch.

«Und was bist du?», fragte ich.

«Ich?»

Hanni überlegte.

«Früher hab ich immer gesagt, ich komm vom Hof. Aber das haben viele nicht verstanden, was das bedeutet. Jetzt würde ich sagen, ich bin Landwirtstochter. Eine, die frei ist in ihren Entscheidungen. Ja, ich glaub so. Und du?»

Das Land in mir

Jetzt noch mal zurück zu meinem Dialekt. Dass ich in so einem spreche und auch mein Papa und der Georg und alle anderen Menschen in meiner Heimat, das haben Sie an dieser Stelle sicher schon bemerkt. Möglicherweise schreibe ich sogar ein bisschen so, aber das vermag ich nicht ganz genau zu beurteilen. Wenn Sie dieses Buch jetzt aber nicht lesen würden, sondern es von mir vorgelesen bekämen, dann wäre Ihnen vermutlich auch ohne den Klappentext nach zwei Sätzen klar gewesen, dass ich aus Bayern komme. Das heißt, Sie wüssten es vermutlich nicht genau. Die meisten Menschen, die mich reden hören, verorten mich irgendwo in Österreich oder in der Schweiz, Russland hab ich auch schon mal gehört. Das hat wahrscheinlich damit zu tun, dass ich, wie schon erwähnt, das R sehr hörbar rolle. Ratsche ich also in Hamburg mit den Bäckerinnen oder den Barkeepern oder anderen Eltern auf dem Spielplatz, schauen die mich nach ein paar Sätzen gerne mal fragend an. Ich bin natürlich im Norden damit leicht exotisch unterwegs. Aber ich glaube schon, es liegt auch daran, dass allgemein Menschen, die Dialekt sprechen, fast ausgestorben sind – Nachrichtensprecherinnen, Radiomoderatoren, die meisten Politiker und Expertinnen, sie alle reden reinstes Hochdeutsch. Zumindest in meinen Ohren. Die paar wenigen, die es nicht tun, fallen dann auf. Über Wolfgang Schäuble lächelt man bisweilen, nur weil er Badener ist und man das auch hört. Sein «Isch over» aus der Griechenland-Krise wurde hundertfach zitiert. Rainer Brüderle wurde in der heute-show sogar regelmäßig mit Untertiteln versehen. Und von Jogi Löw wird zum einen der Weltmeister-Titel in Erinnerung bleiben, aber wohl auch sein Mantra von der «högschden Disziplin».

Auf den Spielplätzen erklär ich dann recht schnell, dass ich aus einem kleinen Dorf in Niederbayern komme, mit 200 Einwohnern, und da redet man eben so wie ich.

«Aaah», sagen die Leute dann. «Aus einem Dorf in Bayern.»

«Ja», sage ich, «aus einem Dorf in Bayern.»

Und dann fragen sie: «Wie lange bist du denn schon in Hamburg?» Aber die eigentliche Frage, die sie wohl gerne stellen würden, ist: «Warum sprichst du immer noch so?»

Diese Frage ist legitim. Schließlich hab ich die Hälfte meines Lebens in Städten verbracht. Und selbst in München reden die Leute lang nicht so bairisch, wie ich das im Ernstfall könnte. Müsste ich also nicht längst integriert sein, die Sprache gelernt und angenommen haben?

Vielleicht. Aber erstens ist es gar nicht so leicht, ein rollendes R abzulegen. Glauben Sie mir das: Ich habe es versucht. Während meiner Pubertät habe ich mit einem Logopäden jede Woche geübt. Wenn ich allerdings versuche, dieses sogenannte Zäpfchen-R auszusprechen, klingt das, als würde ich an einer Nudel ersticken.

Es gibt aber noch einen anderen Grund, warum ich kein gescheites Hochdeutsch spreche: Ich mag nicht. Ich bin, was die Sprache betrifft, ein Integrationsverweigerer.

Es geht schon damit los, dass sich vieles im Bairischen einfach schöner anhört. Wenn meine Söhne jetzt versuchen, ihre in Kartoffelbaatz getränkten Finger in meine Nase zu quetschen, müsste man sie auf Hochdeutsch vielleicht so davon abhalten: «Nimm deine schmutzigen Finger aus meinem Gesicht, sonst ist das Essen für dich gleich beendet!» Ich hingegen kann sagen: «Schleich di mit deine Dreegbatschn, sonst rappelts!» Klingt doch viel freundlicher. Dabei weiß ich

gar nicht so genau, was der Ausdruck «es rappelt» bedeutet.
Sicher nichts Nettes, aber auch deshalb rede ich so gerne
im Dialekt: Man kann die wüstesten Drohungen aussprechen,
und es klingt doch irgendwie putzig.

Als ich in die Grundschule kam, war Hochdeutsch für
mich wie eine Fremdsprache. Ich erinnere mich noch gut
daran, wie wir Buchstaben lernen sollten: Beim T war ein «He-
fer» hingezeichnet und beim Buchstaben C ein «Schwammerl». Die Wörter «Topf» und «Champignon» musste ich erst
lernen. Noch heute gibt es viele Dinge, für die ich im Hochdeutschen kein Wort finde, zum Beispiel: «drammhabbad».
Ich weiß nicht, was das heißt. Ich kann nur sagen, dass das
ein Zustand ist zwischen Schlafen und Wachen, in dem man
seinen Träumen nachhängt. Genauso wenig fallen mir adä-
quate Wörter für «Zieferl» ein und für «Gifthaferl» und auch
nicht für «hudeln» und «Springinggerl», und absolut nicht
könnte ich übersetzen, was mein Papa früher immer auf die
leidige Frage, was es denn heut zum Essen gibt, geantwortet
hat: «Außerbacherne Kellerstaffe».

Um Sie jetzt mit all diesen schicken Wörtern nicht im Dun-
keln zu belassen, habe ich einmal gegoogelt. Hier kommen
also ein paar Übersetzungen:

Zieferl = eine schwächliche Person

Gifthaferl = ein aufbrausender Mensch

hudeln = etwas schlampig erledigen

Springinggerl = ein unruhiger, lebhafter Mensch

Für die «außerbachernen Kellerstaffe» habe ich mal bei
meinem Papa nachgefragt. Er sagt, das heißt direkt übersetzt
so was wie «frittierte Kellerstufen», meint aber: «Frag ned so
blöd, es wird schon irgendwas geben.»

Einmal bin ich in die Hamburger Innenstadt, um meiner
Tochter «Glabberl» zu kaufen. Da fiel mir ein, dass in Ham-

burg wohl niemand das Wort «Glabberl» verstehen wird. Also musste ich vorher wieder mal googeln, und siehe da: Es heißt Sandalen!

Trotz amüsierter Blicke und Nachfragen habe ich mir nie darüber Gedanken gemacht, ob es gut oder schlecht ist, wie ich rede. Das heißt, das stimmt nicht ganz. Eine Weile hab ich darüber nachgedacht, nämlich als meine Tochter angefangen hat zu sprechen. Damals hab ich mich gefragt, ob ich jetzt bewusst mit ihr bairisch reden sollte, damit sie es lernt. (Man schreibt die Art zu reden übrigens wirklich korrekterweise mit i.)

Da fragen Sie sich jetzt vielleicht auch wieder, ob das nicht etwas behämmert ist, einem Kind, das im Norden aufwächst, einen süddeutschen Dialekt beizubringen. Aber abgesehen davon, dass ich finde, meine Kinder sollten mit ihren Omas und Opas und Tanten und Onkeln ordentlich kommunizieren können, hat die UNESCO im Jahr 2009 meinen Dialekt den bedrohten, schützenswerten Sprachen zugeordnet. Es gibt also einige Mundartfans, die an dieser Stelle laut schreien würden: Du musst unbedingt gezielt bairisch mit deinen Kindern reden! Dialekte verschwinden, das muss man verhindern!

Das Problem mit den verschwindenden Dialekten ist jetzt kein bayerisches (hier wieder y), und dazu wieder ein kleiner Exkurs in die Wissenschaft: Das Institut für Deutsche Sprache in Mannheim stellte 2009 in einer repräsentativen Umfrage fest: 67 Prozent der über 60-Jährigen können noch einen Dialekt sprechen, jedoch nur noch 49 Prozent der 18- bis 24-Jährigen. Und von denen, die einen Dialekt beherrschen, benutzt ihn nur gut die Hälfte «immer» oder «oft». Das Dialektsterben begründen Wissenschaftler so: Zuerst kam die Schulpflicht mit Hochdeutsch als Unterrichtssprache, dann brachten Radio und Fernsehen es auch in abgelegene Dörfer.

Menschen reisen häufiger, auch in Städte, wo die Dialekte ohnehin nicht so stark verbreitet sind. Sie ziehen weg, lernen, sich auch dort zu verständigen, geben das neu Gelernte an ihre Kinder weiter. So schritt das Dialektsterben die vergangenen hundert Jahre rapide voran.

In den Achtzigern hätte man wohl gesagt: Gut so. Damals hieß es, Dialektsprecher hätten Nachteile in der Schule und später im Beruf, weil man sie als ungebildeter wahrnehme.

Aber das ist ja eben schon eine Weile her, ich könnte jetzt nicht sagen, dass ich dadurch beruflich irgendwelche Nachteile gehabt hätte. Auch keine Vorteile wahrscheinlich – meine Art zu reden war einfach da und gehörte zu mir.

Für mich sind mit meinem Dialekt vor allem viele schöne Erinnerungen an meine Kindheit verbunden. Wie mein Vater immer «Hosihopp» gesagt hat, wenn er mich an den Armen hochhob. Oder wenn eine Fliege in der Suppe schwamm und er gesagt hat: «Deafstas scho essen, heid is ja ned Freitag.» Für mich stimmt das also, was Sprachwissenschaftler sagen: dass Menschen ihre Identität auch über ihren Dialekt gewinnen.

Wir sind Bayern oder Friesen oder Schwaben. Dialekte, sagen die Forscher, schaffen unter ihren Sprechern ein Zusammengehörigkeitsgefühl, eine emotionale Nähe. Das geht sogar über die Grenzen meines eigenen Dialekts hinaus. Ich fühle mich mit allen Dialektsprechern verbunden. Höre ich einen Franken reden oder eine Sächsin oder eine Berlinerin, dann lächle ich immer ein wenig. Wir sind diejenigen, die zu ihren Wurzeln stehen, die sich ohne viel Pathos, ganz nebenbei zu ihrer Heimat bekennen.

Mein Dialekt gibt mir aber noch was Wichtigeres, und das ist jetzt wieder schon was, was ich meinen Kindern gerne mitgeben würde. Das ist so was, was man vielleicht Lebensgefühl nennen könnte.

Zurzeit sage ich zum Beispiel recht häufig zu ihnen: «I glaub, ihr spinnts a bisserl!», wenn sie wieder mal alle meine Unterhosen aus der Schublade ziehen und sich um den Hals hängen oder sich mitten auf dem Fußballfeld im Herbst nackert ausziehen und dann hüpfend «Bella Ciao» singen. Das klingt im Hochdeutschen zwar recht ähnlich, aber mit dem Satz sage ich eben nicht das, was im Duden steht: «umgangssprachlich abwertend für nicht recht bei Verstand sein».

Ich sage damit, dass sie ein bisschen verrückt sind, dass sie möglicherweise nicht der Norm entsprechen. Aber ganz heimlich finde ich das toll, weil normal ist fad.

Bairisch ist in meinen Ohren einfach viel weniger diszipliniert und reglementiert, es ist viel verzeihender. Und liebevoller.

Würde ich nur noch Hochdeutsch mit meinen Kindern reden, könnte ich ihnen so viele meiner Erinnerungen und Gefühle gar nicht sagen. Ich könnte ihnen nicht die Gelassenheit mitgeben, die ich erfahren habe, und die Geduld, denn ich weiß schlicht nicht, wie das in dieser Sprache geht.

Seit einiger Zeit scheint sich das Blatt übrigens zu wenden. Wer Dialekt und Hochdeutsch lernt, sagen Wissenschaftler heute, wächst fast schon zweisprachig auf und kann so auch andere Sprachen leichter lernen. (Ob das allerdings wieder für mich gilt, weiß ich nicht. Ich hab Englisch in der fünften Klasse gelernt wie alle anderen auch und war darin so erfolgreich wie alle anderen auch. Und mein Französisch ist immer noch Kraut und Rüben.)

Dialekte gelten jetzt jedenfalls, wo sie dem Untergang nahe sind, als wichtiges kulturelles Erbe. Vielleicht, weil sie gesprochener Gegenentwurf zur Globalisierung sind, zu einer einheitlichen, standardisierten Welt. Und so sprießen heute Vereine zum Schutz der Dialekte nur so aus dem Boden. Das

Kultusministerium in Bayern verteilt an Lehrer Handreichungen, die ihnen helfen sollen, die verschiedenen bairischen Dialekte im Unterricht zu fördern, Kindergartenkindern wird in Extrakursen beigebracht, «Pfiat di» statt «Tschüss» zu sagen und «I mog di gean».

Doch obwohl ich meinen Dialekt so mag, obwohl ich gern hätte, dass meine Kinder ihn und alles, was dazugehört, in ihrem Leben haben, stelle ich fest, dass mir diese Art der Dialektvermittlung zuwider ist.

Über viele Jahrhunderte haben Menschen ihre Dialekte gesprochen, weil sie es halt so von ihren Eltern und Freunden und Nachbarn gehört haben. Es waren die Sprachen des Alltags – und eben nicht das, was Schulen und Behörden von ihnen gefordert haben.

Dialekte waren das unbeschwerte Sprechen. Der Inbegriff von Leichtigkeit.

Unterrichtet man sie, beraubt man sie ihres Wesens. Beim Dialekt, und davon bin ich überzeugt, geht es nämlich weniger darum, wie es am Ende klingt. Sondern darum, so zu sprechen, wie man will.

Es geht um Freiheit. Eine Freiheit, die ich erlebt habe.

Und diese Freiheit bekommen meine Kinder auch.

An die Rechen!

Da gab es so ein ganz spezielles Geräusch in meiner Kindheit. Es war laut und tief und irgendwie scheppernd. Es machte drrr-drrr-drr-drr-drr-drr-drr, ganz schnell, und dröhnte durch alle Fenster und Türen. Wenn wir Kinder das hörten, dann sprangen wir sofort aus unseren Betten, weckten die, die es noch nicht vernommen hatten, auf und liefen in Schlafanzügen und Nachthemden oben zum Fenster im Gang, wo man auf die Wiese hinter unserem Haus schauen konnte. Denn wir wussten: Onkel Hans und Tante Leni waren zum Mähen da. Für uns Kinder war das immer wie ein Volksfest.

Schon die Mähaktion selber war wahnsinnig aufregend. Tante Leni ist mit ihrem grünen Fendt auf der Wiese hin und her gefahren (Sie merken es schon, diese Traktoren sind bei uns in der Familie recht verbreitet), um die Obstbäume herum, an den Sträuchern und Büschen am Rand entlang, und wir Kinder hingen an der Fensterbank und guckten, denn was mit großen Geräten passierte, war eh immer toll. Tante Leni rasierte mit einem lustigen Mähaufsatz, der aussah, als würden zwei Kämme sich streiten, alles kahl und was sie nicht erwischt hatte, senste hinter ihr der Onkel Hans nieder.

Das Ganze dauerte vielleicht zwei Stunden, und wenn sie fertig waren, um acht oder neun, dann gab es für alle in der Küche Brotzeit.

Auf Holzbrettern hatte da die Mama einen Haufen Wurst und kalten Braten und Käse hergerichtet, und Gurken und Eier und Radieserl. Die Erwachsenen tranken Bier, wir kriegten eine Limo, und oft hatte die Tante Leni uns auch noch was mitgebracht, eine Tüte Brezn oder ein paar Süßigkeiten. Dann saßen die beiden bei uns in der Küche und haben lustige Geschichten erzählt und gelacht, weil die zwei haben immer gelacht. Und wir haben die Süßigkeiten geschleckt und die Brezn gegessen und haben zugehört und uns gefreut.

Nach der Brotzeit sind wir alle mit auf die Wiese gegangen und haben das Gras zusammengerecht, es gab Kinderrechen für die Kleinsten unter uns, und die Großen kriegten normale, und mit denen haben wir alles auf einen Haufen geschoben. Meine Mama oder mein Papa oder die Tante Leni haben mit einer Mistgabel den Grashaufen dann auf den hölzernen Bulldoganhänger gehoben. Wenn alles drauf war, dann sind die zwei wieder gefahren, das Gras haben sie mit heimgenommen für ihre Kia, sie hatten damals sechs oder sieben davon, und ich meine damit keine südkoreanischen Autos, sondern Kühe.

Der Onkel Hans saß auf dem federnden Fahrersitz und die Tante Leni neben ihm auf der blechernen Fläche über dem Reifen. Mit einer Hand hat sie sich vorne an der Stange festgehalten, und mit der anderen hat sie uns gewunken und gelacht.

So war das vor 35 Jahren.

Im Juli 2021 parkte der Georg sein rotes Mähgerät, das ein bisschen aussieht wie ein überdimensioniertes Quad mit dem Dach eines Golfwagens, in aller Herrgottsfrüh in der Hofeinfahrt. Das war so eines, wo sich die Räder vorne und hinten extra bewegen, der Georg nimmt das normalerweise für seine großen Landschaftspflegeprojekte her, um Böschungen und Wiesen und Hänge abzurasieren. Wir waren gerade beim Frühstück gesessen und hatten ihn kommen hören, Geräusch mehr so ein helles Nääääääää. Wir liefen raus, die Kinder stellten sich auf das hölzerne Hoftor, und wir sahen aus der Entfernung zu, Abstand vielleicht 50 Meter. Georg stieg ab, nickte uns zu, dann klappte er vorne die gelbe Schnauze aus, einmal nach rechts, einmal nach links, stieg wieder auf und

düste los. Näääääää.

Er fuhr vorne beim Zaun vom Hühnergarten entlang und um die Bäume herum, so schnell und zackig, als wäre er ein ferngesteuertes Auto, hin, her, hin, her. Eine Hand am Lenkrad, die andere daneben am Joystick, das sah sehr lässig aus.

«Ned da rumstehn!», hörte ich von hinten rufen.

Meine Mama kam angelaufen und zog die Kinder runter vom Tor. «Wenn gemäht wird, gehts ihr ins Haus. Ab, ab!»

Wir trugen und schleppten die leicht murrenden Kinder hinein, und dabei flüsterte mir meine Mama zu, dass es draußen jetzt zu gefährlich sei.

«Warum denn?», fragte ich.

«Diese Mähwerke sind sehr scharf. Stell dir mal vor, da haut einer ab und läuft zum Georg hin, und du kommst nicht so schnell nach.»

«Aber das Tor ist ja zu.»

«Auch von der Weitn sind so Maschinen gefährlich. Da hat mal einer hier an seinem Feld gemäht, dann hat sich am Schneidwerk ein Blatt gelöst, und das ist weggeschossen und einem Mann, der da am Wald spazieren gegangen ist, direkt ins Herz. Der war bestimmt 150 Meter weit weg. Aber gleich tot.»

Hhhhhhhhhhhh! Mir klappte wieder mal der Kiefer herunter. Oh Gott.

«Ihr Kinder habts nie rausdürfen, wenn gemäht worden ist. Ihr musstets im ersten Stock bleiben, und wir haben unten das Haus zugesperrt, dass keiner abhaut.»

Und zack, drehte sich meine romantische Kindheitserinnerung im Kopf um. Und mein eigenes Klischee, dass meine Kindheit so total frei und ohne Gefahr war und nur wir Städter immer schaun müssen, dass die Kinder nicht von einem Auto (oder in unserem speziellen Fall: von einem Lastenrad) zamgefahren werden.

«Sind wir deswegen immer im Gang oben beim Zuschaun gestanden?»

Meine Mama lächelte, und da wurde mir klar, dass sie uns wohl öfter mal in Sicherheit gebracht hat, ohne dass wir davon was gemerkt hatten.

Ich staubte also alle Kinder hoch in den Gang und versprach den weltbesten Ausblick auf die Mähaktion, die Kinder liefen jubelnd die Treppe rauf, und ich holte die hölzerne Bank aus dem Bad und trug sie zu dem Fenster, an dem auch wir früher schon immer gestanden waren.

Man kletterte hoch und schaute durch das Fenster dem Georg zu, der da gerade um die Ecke gebogen kam. Das Mähgerät fuhr vor und zurück und links und rechts, hob die gelbe Schnauze vorne hoch und setzte sie wieder runter, und meine Söhne machten die Livekommentare:

«Jetzt fährt er wieder rückwärts. Jetzt vor. Jetzt kommt er wieder. Jetzt ist er fertig. Ach nein, noch nicht. Näääääääääääääääääää.»

15 Minuten später lag das ganze Gras hinten wie 10 000 umgefallene Mikadostaberl auf der Wiese, und der Georg kam zur Brotzeit in die Küche. Es gab Semmeln mit Frischkäse und Kaffee.

«Das ging aber fix», sagte ich.

«Servus», sagte der Georg und setzte sich auf die Eckbank.

«Wie laffts?»

«Basst scho.»

Mein Papa setzte sich auf seinen Stuhl, meine Kinder saßen auf der Eckbank, aßen Brot mit Käse und hörten gebannt zu.

Heute ging es um neue Humus-Förderprojekte und neue

Getreidesorten und um die ersten Bauern, die schon ernteten. Das klang ungefähr so:

«Der Müller hat scho droschen», sagte der Georg.

«Ja was?»

«Am Samstag und vorgestern iss' ganga.»

«Und was hat er ghabt?»

«Dreizehn-sieben.»

«Mh-mm, dreizehn-sieben, ja was.»

Ich sagte auch «Mhh-mmh» und nickte dazu kräftig. Und zwar nur zum einen Teil, weil ich verstanden hatte, worum es ging, nämlich – Achtung: Da hat ein Bauer schon sein Getreide geerntet, obwohl es offensichtlich die meiste Zeit geregnet hatte, und er hatte einen Wassergehalt von 13,7 Prozent auf seiner gesamten Ernte gemessen, was nicht nur dafür, sondern überhaupt ganz schön gut war. Weil so konnte er seinen Hafer oder seinen Weizen zum Raiffeisen fahren und die konnten ihn in diesen riesigen Betonboxen einlagern, ohne dass er davonschimmelte und ohne dass er davor noch den teuren Trocknungsofen bezahlen musste. Aber wie gesagt, mein «Mh-hmm» gebührte auch dem anderen Teil: Das war eben ganz schön gut. Da hatte einer schnell und gut reagiert, und überhaupt kannte der offensichtlich das Wetter und seinen Boden und sein Getreide richtig gut.

Der Georg und mein Papa redeten eine Weile, und ich sagte noch öfter mal «Mhhh-mm» oder «Ach!» oder fragte was nach. Meine Kinder kauten an ihren Semmeln und waren ganz still, sie schauten und hörten zu, und die Augen meines Papas leuchteten. Schön war das.

«Was ist jetzt hinten eigentlich noch zu tun?», fragte ich irgendwann.

«Ihr müssts Haufen macha», sagte der Georg. «Und zwar so, dass i mitm Rückewagen no durchfahren kann.»

«Heißt rechts und links oder wie genau?»

Georg lächelte. «Hast an Zettl?»

Ich sprang auf und holte einen karierten Block vom Kü- chenbuffet und einen Filzstift und legte beides neben Georgs Kaffee. Er malte Kreise darauf und ein Quadrat und einen Pfeil und erklärte: Da die Kreise sind die Bäume, und da dazwischen macht ihr die Grashaufen, weil der Rückewagen ist 7,2 Meter lang und dann kann man durch die Bäume so – Georg zeigte den Pfeil entlang – gerade durchfahren und mit dem Greifarmdings dann die Haufen aufheben und auf den Wagen schmeißen.

«Alles klar», sagte ich. Das klang machbar. «Und bis wann?»

«Wanns eich basst. A bisserl sollts liegen bleiben, damit die Insekten sich in Sicherheit bringen können.»

«Ja, aber wenns moang regnet? Dann wird des Gras ja wieder nass.»

«Des is wurscht. Des wird eh kompostiert.»

«Ach! Kein Futter?»

«Na», sagte der Georg und lächelte. «Des fressen koane Kia mehr. Da san de hoaglig.»

Und dann lernte ich wieder was, und ich meine jetzt nicht das Wort «hoaglig», weil das kannte ich schon. (Es heißt wählerisch.) Sondern: Die Wiese hinterm Haus wird gerade nur einmal im Jahr gemäht, weil sie langfristig zu einer Blühfläche werden soll, erklärte die Mama, dafür aber muss sie erst abgemagert werden, weil ... Ach fragen Sie mich nicht, es hat irgendwelche ökologischen Gründe. Jedenfalls ist das Gras jetzt, seit es nicht mehr gedüngt wird, nicht gerade voll von Nährstoffen, und es taugt darum nicht als Futter für die Kühe. Darum bringt das der Georg zu irgendwem, der eine Art riesigen Komposthaufen hat, und da kommt das obendrauf. Geld bekamen meine Eltern dafür nicht, und dem Georg zahlten sie für die Mäherei ganz normal seinen Stundenlohn nach Maschinenring-Sätzen. Wiese also in diesem Fall: klares Verlustgeschäft. Aber auch sonst ist mit Wiese nicht besonders viel verdient, sagte der Papa.

Einmal, so vor vier, fünf Jahren, hätten er und der Georg alle Wiesen ein Jahr lang selber bewirtschaftet, und sie wollten Heu machen und das verkaufen. Das hieß: Drei oder vier Mal im Jahr mähen und jedes Mal dann auch zwei, drei oder vier Mal «heinga», also wenden, damit es von allen Seiten trocken wird, dann zamrechen und pressen lassen. Sie rechneten alles aus und stellten fest: Da zahlen sie drauf. Darum hat der Papa seine Wiesen – bis auf die eine hinter dem Haus – dann an den Joe verpachtet. Für die Pacht kriegt er zwar auch mehr oder weniger kein Geld (Sie erinnern sich, das zahlt der Joe in Form von Gülle), aber der Joe kann das Gras gut gebrauchen bei seine 120 Kia, und der Papa hat dann wenigstens die Arbeit nicht.

«Oiso dann», sagte der Georg und stand auf, um nach Hause zu fahren, und wir liefen ihm alle hinterher, weil die Kinder natürlich noch einmal auf dem obercoolen Mähgerät sitzen wollten. Also großes Gejohle, Tür auf, alle rein, Tür zu, «Ich will aber vorne sitzen», noch mal raus, rein, rauf, Tür zu.

Ich stand davor und fing herausfallende Kinder auf, schloss Türen und machte sie wieder auf und hob hoch, und dann sah ich es auf der einen Seite neben dem Fenster stehen, weiß auf grau: Metrac. Ich musste lachen.

«Ach, das heißt Metrac! Ich dacht immer, das ist ein Mäh-Trak, so wie Mäh-Traktor.»

Der Georg grinste. Und mein Papa schaute auf die Schrift.

«Tatsächlich, ich hab ah immer dacht, das heißt Mäh-Trak.»

«Ja, dann müssma wohl den Namen umpinseln.»

«Heid nimma», sagte der Georg und schwang sich in den

Metrac, haute die Tür zu und fuhr heim. Wir winkten, und meine Mama kam zu mir.

«Jetzad kanntn wir zwei vielleicht die Überbleibsel weg- sensen», sagte sie, «noch isses ned so warm.»

«Klar. Gummistiefel?»

Meine Mama nickte und befahl mir auch, eine dünne Jacke drüberzuziehen, und dann ging ich in den Garten. Sie gab mir einen orangefarbenen Helm mit Gitter vorne dran und Ohrenschützern wie beim Bäumesägen und hängte mir einen schwarzen Gurt über die Schultern, an dem sollte ich die Elektrosense, eine lange, silberne Stange mit schwarzem Griff dran, einklipsen. Ich klipste, und meine Mama machte einmal die Bewegung vor – in die Knie gehn, Stange langsam von rechts nach links bewegen, sodass das vordere golfschläger-mäßige Ding kurz über dem Boden entlanggleitet – und dann ging sie, um auf der anderen Seite der Wiese selbiges zu machen.

Ich stand also da, drückte den Schalter, das Gerät machte riiieeeeem, und vorne wirbelten zwei orangefarbene Schnüre im Kreis. Ich hielt das Ding am Kirschbaum vorsichtig in ein paar Grasbüschel rein. Ratratrat, ein paar Halme fielen tatsächlich um, aber die Mehrheit blieb standhaft.

«Ned so zaghaft», rief meine Mama von irgendwo hinter mir. Hätt mich auch gewundert, wenn meine Mama mich da jetzt ganz unbeobachtet mit der Elektrosense auf den Garten losgelassen hätt.

«Mehr so mit Schwung.»

Also Schwung.

Reeeem, ich schwang ein bisschen mehr rein und wirbelte einen Haufen Erde auf. Dann schwang ich wieder höher und dann noch mehr und noch mehr, und dann hatte ich den Schwung raus.

Ich reem-te um den Kirschbaum herum und entlang der Sträucher neben der Straße und an all den anderen Stellen, die der Georg mit seinem Metrac nicht sauber hatte abmähen können. Rums, da schleuderte von einem Strauch ein Ast weg. Oh.

«Mamaaaa! Ich hab da was kaputt gemacht!»

Meine Mama kam herbei und schaute auf das Opfer.

«Ned so schlimm», sagte sie. «Das ist bloß ein Hartriegel.»

Hartriegel klang biologisch unproblematisch, also weiter.

Sense ein bisschen tiefer. Ich schwang und schwang. Es war erst neun oder zehn Uhr in der Früh, aber ich schwitzte schon wie in der Sauna.

Puuh, wie viel Gras steht denn da noch?

Ich drehte mich um und versuchte, die Büschel abzuschätzen, und da machte es ratratrat, und ich hörte meine Mama von irgendwo hinten rufen: «NICHT DIE ROSEN!»

«Oh, Tschuldigung!» Ich nahm schnell die dornigen Zweige vom Boden und warf sie unter den Busch. «Nix passiert!»

Dann reemte ich noch ein bisschen, und plötzlich blieb die Sense stehen. «Mamaaaa! Da geht nix mehr!»

«Ja, jetzt müss ma den Akku aufladen», rief sie.

«Also Feierabend?»

«Genau.»

Huh, ich zog den Helm runter und klipste die Sense ab, und schon wieder hatte ich das Gefühl, einen ganzen Vormittag lang brutal viel körperlich gearbeitet zu haben, dabei waren das wahrscheinlich jetzt gerade mal 20 Minuten gewesen.

«Mama, sag mal, warum hab ich das so im Kopf, dass des Gras ned nass werden darf? Irgendwie kommt mir das komisch vor, dass das so wurscht ist.»

«Na ja, früher war das ein Riesenthema. Wenn da die Bauern das Heu eingefahren haben und es war noch nicht richtig trocken oder sie wollten es noch schnell, schnell im Regen heimbringen, dann hat das Heu zu brennen anfangen können. Die Bakterien und die Pilze in dem Gras haben so eine Hitze entwickelt. Heubrand heißt das. In meiner Kindheit gabs das immer mal wieder, da sind ganze Heustadl abgebrannt. Das war schlimm.»

«Ach, vielleicht hast du das schon öfter erzählt, kommt mir bekannt vor.»

«Mag sein.»

Meine Mama zog den Akku aus der Elektrosense und nahm ihn mit zum Aufladen. Es brauchte noch zwei, drei solcher Aktionen, und dann war tatsächlich alles Gras platt. Nach dem Abendessen, als es draußen bloß noch 28 Grad hatte, zogen wir allen Kindern lange Hosen und Gummistiefel an, sie bekamen so lustige breite Hüte aufgesetzt und einen winzigen Rechen oder eine winzige Schneeschaufel in die Hand, und dann schickten wir alle auf die Wiese, Grashaufen machen.

Da standen wir dann in der Abendhitze und schoben Gras um Gras mit dem Rechen auf kleine Häuflein, während die Grashüpfer massenhaft die Flucht ergriffen, und danach kamen Hannes oder mein Papa und hoben die Häuflein mit der Mistgabel auf einen großen Haufen am Rand einer imaginären Rückewagen-Fahrspur.

Die Jungs rechten und rechten und erklärten dabei, wie sie jetzt genau rechten und warum sie das alles auf diesen großen Haufen daaaa drüben machen mussten (wegen dem Rückewagen). Die Große ließ sich immer wieder Gras auf die Schaufel legen, wanderte damit zu ihrem Lieblingshaufen neben dem Kirschbaum und erklärte dabei, warum sie das genau da hintrug, weil dann der Rückewagen am allerbesten vorbeikam, und mich beschlich kurz das Gefühl, dass ich das mit dem Wissen-an-die-Kinder-Weitergeben womöglich übertrieben hatte.

Aber egal, ich rechte, und die Kinder rechten und schwitzten und schaufelten und hüpften in die inzwischen hüfthohen Grashaufen, und tatsächlich waren wir diesmal alle bis nach acht am Arbeiten. Danach fielen alle Kinder todmüde in ihre Betten, und die Erwachsenen setzten sich mit einem Bier auf die Hausbank und beobachteten die letzten Vögel, die noch nicht im Nest waren. Am nächsten Tag waren die Vögel trotzdem schon wieder früh wach und pickten in großen Scharen auf der frisch gemähten Wiese umeinander, und die Kinder klatschten, damit sie davonflogen, hehe. Und nach der Brotzeit am Abend wurde wieder gerecht und geschwitzt – und dann war alles verhauft.

Am Abend telefonierte ich mit Elli und erzählte von der Mäherei, und wir lachten und kamen sofort auf die Tante Leni und den Onkel Hans und stellten fest, dass wir die exakt gleichen Erinnerungen daran hatten. Später machte ich dann auch noch eine Umfrage bei meinen anderen Geschwistern und bei meinen Eltern: Alle erinnerten sich an dieses Geräusch und an die Brotzeit und daran, wie lustig das immer war.

«Sag amal», sagte ich, «das mit dem Mähen ist ja wetterunabhängig inzwischen, das Gras wird eh kompostiert.»

«Ich weiß», meinte Elli.

Warum wusste sie das jetzt schon wieder? Egal, ich wollte eine Idee loswerden:

«Also, ich dachte, wir könnten das doch jedes Jahr miteinander machen. Dass wir uns immer in einer Woche im Sommer treffen, und der Georg mäht, und wir rechen alles weg. Und dann machen wir Brotzeit oder grillen oder so was.»

«Oh ja», sagte Elli, «das schreiben wir gleich auf den nächsten GbR-Tagesplan.»

Das taten wir auch. Und besiegelten damit eine neue Familientradition.

Ein paar Tage später kam der Georg dann tatsächlich mit seinem riesigen Rückewagen. Also eigentlich war das ein Anhänger an seinem großen, blauen Bulldog. Hinten an dem Wagen war eine metallene Ladefläche, vornedran, also zwischen Wagen und Bulldog, ein riesengroßer Baggerarm.

Georg nickte und fuhr in den Garten, dann stieg er zwischen Traktor und Baggerarm auf eine Plattform, zog an ein paar Hebeln, woraufhin zwei Stützfüße unten am Wagen ausfuhren, und dann griff der Baggerarm Grashaufen um Grashaufen, als wäre er einer von diesen Spielarmen im Kuscheltierautomaten auf dem Volksfest. Nur dass der Georg jedes Mal was fischte.

Großes Kino. Für 15 Minuten.

Danach war das ganze Gras weg.

Scheißviecher

Auf unserem Hof gab es zeit meines Lebens keine Tiere, also nicht im bäuerlichen Sinne, aber trotzdem haben wir uns immer mit ihnen beschäftigt. Und mit «beschäftigt» meine ich: Wir haben versucht, sie loszuwerden.

Meine Mama kriegt dabei ganz bestimmt den ersten Preis. Eine ihrer Hauptbeschäftigungen den ganzen Tag war es zum Beispiel, das «Scheißkatzenviech» aus dem Haus rauszuschmeißen. Wobei die Katze inzwischen schon immer selber ganz schnell aufsteht und davonläuft, wenn sie die Mama sieht.

Und wenn man unter dem Apfelbaum saß, hat man eine Weile ein grausam ekelhaftes Geräusch gehört, das klang ein bisschen, wie wenn einer den Bohrer vom Zahnarzt einschaltet, kurz bevor er den Zahn trifft und losschleift, uuuuh, da schüttelts mich gleich, wenn ich dadran denke. Das Geräusch sollte die Wühlmäuse aus dem Garten vertreiben. Meine Mama hat da so ein Gerät in die Erde gesteckt, das den Viechern den Sound in ihren Gängen entgegenblies. Und wenn Sie jetzt meinen, gute Idee, weil dieses Niiiäääää vertreibt ja wirklich jeden, dann muss ich Ihnen leider sagen: Es hat nur uns vom Apfelbaum vertrieben, aber leider keine einzige Maus. Die haben sich höchstens ein paar Tage versteckt, und dann haben sie weiter der Mama die Karotten und den Zuckerhut und die Pastinaken zamgefressen. Teilweise haben die Mäuse sie von unten her ausgehöhlt, sodass man das erst gar nicht gemerkt hat. Da hat die Mama freudig eine Pastinake geerntet, und dann war das nur noch eine Pastinakenhülle. Oh, da hat die Mama geschimpft.

Und fragen Sie nicht, was sie alles betrieben hat, um die Schnecken aus dem Garten loszuwerden. Das geht von Bierfallen stellen über Schneckenkorn verteilen zu alle in einen Kübel einsammeln und zu «de Hehna» schmeißen. Aber Achtung: Das waren so viele, dass die Hühner mit dem Fressen gar nicht hinterhergekommen sind. Die Schnecken sind rechtzeitig davongekrochen, ehrlich wahr.

Und was wir alles gemacht haben, um die Stare vom Kirschbaum fernzuhalten, hören Sie mir auf. Einmal haben wir Kinder eine wirklich gelungene Vogelscheuche gebastelt und raufgehängt. Das hat aber null gebracht. Im nächsten Jahr haben wir die Christbaumglocke in den Kirschbaum oben reingehängt und von ihr aus eine sehr lange Schnur bis in die Speisekammer der Küche gelegt. Da musste dann jeder, der in der Küche war, immer mal wieder hintergehen und an der Schnur ziehen. Bei jedem Dongdongdong sind tatsächlich ein paar Stare aus dem Baum davongeflogen, aber sie sind immer schneller wieder zurückgekommen und haben weiter unsere schönen Kirschen zamgefressen. Im nächsten Jahr dann haben der Papa und die Mama in einem Wahnsinnsaufwand ein großes, grünes Netz um den gesamten Baum gelegt, und dazu muss man wissen: Der Kirschbaum bei uns im Garten ist bestimmt fünfzehn Meter hoch. Das hat ein bisschen was gebracht. Aber was soll ich sagen, irgendwie haben die Stare es dann doch geschafft, da durchzuschlüpfen und wieder alles aufzufressen. Der einzige Schutz vor dem Kirschverlust war es, sobald die ersten Früchte rot waren, selber hinaufzuklettern und so viele Kirschen wie möglich direkt zu essen, quasi: Mensch gegen Vogel. Vielleicht ist das der

Grund, warum ich sehr früh schon sehr gut klettern konnte, die Kirschen von dem Baum schmecken wirklich sehr gut.

Aber wahrscheinlich stimmt das mit dem ersten Preis für meine Mama nicht – mein Papa hat noch viel mehr betrieben. Als ich so acht Jahre alt war, hat er einmal ein Jahr lang ständig die Haare von unseren Bürsten geklaubt und in einer kleinen Plastiktüte gesammelt, um sie dann im Wald um die kleinen Buchen herumzudrapieren. Weil er hat gehofft, dass das die Rehe davon abhält, die Knospen der jungen Laubbäume abzuknabbern. Das ist nicht so gut, wenn die das machen, weil dann kann die Buche nicht in die Höhe wachsen. Erst wenn die Buchen so groß sind, dass die Rehe die Spitzenknospen nicht mehr erwischen, sind sie in Sicherheit. Und mein Papa hatte damals irgendwo von diesem Versuch mit den menschlichen Haaren gelesen. Die Idee war, dass die Rehe die Haare riechen und sich dann nicht mehr hintrauen, weil sie tendenziell eher Angst vor Menschen haben, und Rehe riechen gut. Aber: Haare duften halt auch nur für eine Weile, und wenn es regnet, ist auch ihr Geruch weg, und die Rehe fressen wieder alles zam.

Aber um die Rehe fernzuhalten, gibts ja auch die Jäger. Bei uns im Wald, seit mein Papa Mitglied in der Jagdgenossenschaft ist, denn obwohl Bauern in ihrem eigenen Wald eigentlich auch das Recht haben, dort zu jagen, darf man nur selber schießen, wenn man eine zusammenhängende Fläche von 75 Hektar hat. Mein Papa hätte also einen Jagdschein machen, sich noch 61 Hektar Land hinzupachten und dann die Reh zamschießen können, oder eben Mitglied in der Jagdgenossenschaft werden und darauf hoffen, dass einer der Jäger, der das pachtet, sich um die Viecher und ihr «Fernbleiben» kümmert. Da hat er dann doch Letzteres gemacht. Aus sehr vielen triftigen Gründen, aber womöglich war auch einer, dass es da jedes Jahr im Februar eine Versammlung gibt, und da spendiert der Pächter (ein Jäger aus dem Nachbarort) ein großes Rehessen. Mhhhhhhmmmm. Ich mag ja Reh. Vor allem als Ragout. Überhaupt finde ich, wenn man schon Fleisch essen will, könnte man doch Rehe und Wildschweine und Hasen essen. Die waren schließlich vorher frei, und von denen fetzen sowieso eher zu viele durch die Wälder, oder nicht?

Gut, bei Wildschweinen muss man aufpassen, die sind in Bayern immer noch oft verstrahlt – 35 Jahre nach Tschernobyl! Das liegt daran, dass die Wildschweine gerne im Boden wühlen und fressen, was sie da so finden, Wurzeln und Schwammerl zum Beispiel, und darin speichert sich das radioaktive Cäsium-137, das damals mit dem Regen herunterkam und in den Waldboden getropft ist. Darum muss der Jäger hier jede Wildsau, die er schießt, erst einmal messen lassen. Ist die Sau mit mehr als 600 Becquerel pro Kilo belastet, kommt sie in die Tierkörperverwertung, und nur was weniger hat, darf zum Gulasch werden. Unglaublich schade für so ein schönes Tier, dass es dann nicht mal in Würde gegessen werden kann, wenn es schon daschossen wird. Und daschießen muss man sie, sagen die Jäger, weil die Wildschweine machen oft einen ganz schönen Schaden in den Wiesen und im Acker, wenn sie da die ganze Erde umwühlen und so den frisch angesäten Mais herausreißen und so weiter. Und die Schweinepest verbreiten sie auch, ganz gefährlich für die Schweine im Stall. Gut, da gibt es jetzt wieder Wissenschaftler, die sagen, dass Wildschweine und andere Wildtiere, die viel bejagt werden, eher mehr werden, weil sie mehr Nachwuchs kriegen, und es gibt auch noch ein paar andere Sachen, die an der Jagerei nicht gerade super sind, aber das ist jetzt wieder ein anderes Thema. Mein Papa jedenfalls drapiert jetzt immer kleine Maschendrahtzäunchen um die neu gepflanzten Bäume, das hilft auch gegen die Rehe.

Am meisten zu tun hat er aber mit dem Loswerden vom Borkenkäfer. Da muss er ständig im Wald kontrollieren und schauen, ob wieder welche in den Fichtenrinden ihre Eier gelegt haben. Dann schaut der Baum schnell dürr und abgestorben aus. Und wenn das so ist, ruft er sofort den Georg an, damit er den umschneidet und schnell aus dem Wald zieht, weit, weit weg, damit die Käfer nicht auch noch in andere Bäume krabbeln und die kaputt machen.

Eine Weile hatte ich meinen Papa auch in Verdacht, dass er uns Kindern die ganzen Siebe und Eimer aus dem Sandkasten klaut, aber nur die gelben, weil er hat immer ein paar solcher Geräte in sein Auto gepackt und dann im Rapsfeld verteilt. Da hat er dann Wasser und Spülmittel reingeschüttet und geschaut, welche Insekten sich darin verfangen (die fliegen nämlich auf die gelbe Farbe). Das klingt jetzt vielleicht niedlich, aber tatsächlich ist das schon auch ganz schön fies, weil wegen dem Spülmittel können die kleinen Viecher aus dem Wasser in den Sandkasteneimern nicht mehr herausklettern und bleiben hängen.

In diese gelben Schalen hat mein Papa dann jeden Tag reingeschaut, und je nachdem, welche Viecher drin ersoffen waren und wie viele davon, wusste er, ob schon so viele im Rapsfeld unterwegs waren, dass er was Größeres unternehmen musste, um sie da zu vertreiben. Und damit mein ich jetzt nicht, dass er sich lächelnd an den Feldrand gestellt hat und «gschgsch» gemacht oder versucht hat, mit den Erdflöhen und den Rüsselkäfern und den Rapsglanzkäfern diplomatisch in den Dialog zu treten, ob sie nicht doch bitte weiterfliegen wollen. Er hat dann die entsprechenden Mittel in seine Spritzmaschine gefüllt und ist über das Feld gefahren und hat sie mit einem Ddssssssssst alle ausgemerzt.

Das wäre wahrscheinlich immer das Leichteste, irgendein

Mittel zu nehmen und dsssst oder pffffffft zu machen, und dann sind alle Viecher hin. Aber natürlich ist uns allen inzwischen klar, dass man nicht hemmungslos Gift in der Landschaft verteilen sollte, also schaut auch mein Papa immer, dass er das nur macht, wenn nichts anderes mehr geht. Wobei ich bei den Scheißmücken auf dem Hof meiner Eltern schon am allerliebsten mal ordentlich pfffffffffft ... Aber gut. Das darf man natürlich nicht. Darum lieber Mückennetze an die Fenster nageln und abends entweder in Ganzkörpermontur draußen sitzen oder alle 20 Sekunden klatschen. Nur um keine Missverständnisse zu erzeugen: auf die Mücke drauf. Damit sie verreckt.

Gegen den Maiszünsler gäbe es eigentlich auch ein Insektizid, das mein Papa auf dem Feld verteilen könnte, und dann wäre das Viech weg. Der Maiszünsler ist ein Schmetterling, der seine Eier auf die Maisblätter legt. Daraus schlüpfen dann die Larven heraus, und die wiederum bohren den Maisstängel an und fressen sich im Inneren des Stängels nach unten. Da, wo sie sich reingebohrt haben, bricht der gesamte Mais später ab, und das ist natürlich schlecht für den Mais und damit für die Landwirte. Jetzt könnte man ihn wie gesagt wegspritzen, oder aber man schaut ein bisschen, wie der Maiszünsler so tickt, und versucht ihn quasi auszutricksen.

Und das geht so: Die Raupe frisst sich eben nach unten und überwintert im Rest des Stängels, der nach der Maisernte noch stehen bleibt, das sind so 25 Zentimeter Maisstängel. Von da aus würde er erst im Frühjahr als Schmetterling herauskommen und seine Eier legen. Wenn man aber diese Stängelreste sauber zerkleinert, bringt man die meisten Raupen schon um. Und wenn man dann noch anschließend pflügt und damit die Stängelreste und übergebliebenen Raupen in den Boden verteilt und zehn Zentimeter Erde drauftürmt, dann kommen die Raupen nicht mehr aus dem Boden und können am Mais auch nichts mehr kaputt machen, und dann braucht man auch nichts zu spritzen. Die Voraussetzung dafür, dass das klappt, ist aber, dass das auch die umliegenden Bauern machen, und zwar ordentlich, weil schließlich kann so ein Schmetterling fliegen und kommt sonst von einem anderen Feld daher, und dann hat die ganze schöne Aktion nichts gebracht. Aber manchmal sind einfach Jahre dabei, da hilft alles nichts mehr, wenn das Wetter einmal wieder besonders früh besonders schön ist zum Beispiel. Dann kommen sie in Massen und bohren.

«Vor zwei, drei Jahren war das einmal schlimm hier mit dem Maiszünsler. Aber schau mal», mein Papa klickte auf ein YouTube-Video, und wir schauten einem Mann zu, der sein Auto neben einem Maisfeld parkte und eine weiße Drohne aus dem Kofferraum zog. Er setzte sie auf dem Boden ab, programmierte was in seinen Laptop und dann hob die Drohne mit lautem Nöööööiiiiii ab und düste über das Feld. Und dabei warf sie immer so weiße Kügelchen runter.

«Die wirft da Schlupfwespen ab, da schau. In so einer Kugel sind über 1000 drin. Die Drohne verteilt dann genau so viel, wie du brauchst, auf einem Feld. 200000 oder 300000 pro Hektar.»

«Und was machen die Schlupfwespen da?»

«Die legen ihre Eier in die Eier von dem Maiszünsler, und dann sind die hin. Das sind Parasiten der Parasiten. Also Nützlinge.»

«Ach, cool», sagte ich. «Willst du das auch machen?»

Mein Papa zuckte mit den Schultern. «Dieses Jahr brauchts des nicht. Aber wenns des mal braucht, klar.»

Und dann schauten wir eine Weile der Drohne beim Fliegen und Schmeißen zu, und ich musste lächeln.

Viecher holen, um die anderen Viecher loszuwerden. So was gefällt dem Papa.

Aber wissen Sie was: mir auch. Ich würde sogar so weit gehen, zu sagen, dass es mit mir und der Landwirtschaft genau da geklickt hat, bei der kreativen Viecherverfolgung.

Einen Tag später nämlich saßen wir am großen Küchentisch bei der Brotzeit, es gab Brot und Wurst und Käse und Salat aus dem Garten, und wir unterhielten uns über noch so ein nerviges Viech, über die Blattlaus. Die Blattläuse kommen in manchen Jahren plötzlich im Mai in unglaublichen Massen daher und fliegen wie schwarze Wolken alle miteinander zum Hopfen. Zu Milliarden. Zum Teil fliegen sie viele Kilometer weit und landen dann auf den Blättern vom Hopfen und saugen da den Saft heraus, und wenn man da nicht eingreift, würden sie ihn komplett, zu 100 Prozent, kaputt machen.

«Man könnte Marienkäfer züchten und die dann auf den Hopfen loslassen. Die fressen dann die Blattläuse auf», erzählte der Papa.

«Ach», sagte ich und schmierte mir ein Butterbrot. «Und das klappt?»

«Na ja, wir haben am Institut auch schon welche gezüchtet und ausgesetzt. Die Marienkäfer fressen auch die Blattläuse, das bringt schon a bisserl was, aber gegen die Massen an Blattläusen kommen die nicht an. Dafür fressen die zu langsam.»

«Hmmm», sagte ich und kaute. «Aber wie finden die Blattläuse denn zum Hopfen?»

«Ja, das ist die Frage.» Mein Papa lächelte. «Das weiß keiner. Die Blattläuse kommen von den Schlehen und den Obstbäumen, da überwintern sie. Dann kommt im Mai plötzlich wieder eine Generation geflügelter Blattläuse heraus, und sie fliegen los zum Hopfen. Aber wie sie da hinfinden, hat noch keiner rausgefunden.»

Ich schaute aus dem Fenster und dachte über die Laus nach. Was würde ich wohl machen so als fliegende Blattlaus? Was kann ich denn?

«Geruch vermutlich, oder? Dass sie den Hopfen riechen?»

«Wir wissen es nicht.»

«Hmmm. Und was ist mit Sehen, dass die auf die grüne Farbe geeicht sind? So wie die Rapsglanzkäfer auf Gelb? Dann könnte man die mit was Grünem umlenken und grüne Klebewände aufstellen.»

«Möglich.»

«Hmmmm.»

Ich schaute wieder aus dem Fenster und dachte angestrengt nach. Wie schafft das denn diese Blattlaus zum Hopfen? Der Gedanke ließ mich noch eine ganze Weile nicht los. Das kam mir vor wie das verzwickteste Rätsel. Als wäre man ein Ermittler und die Blattlaus der Meisterdieb. Wenn man nur wüsste, wie die das macht, das wäre doch die Lösung! Weil da könnte man dann bestimmt eingreifen und der Laus irgendwie den Weg absperren. Oder sie umlenken.

Ich fand das unglaublich spannend.

Und plötzlich kam mir die Blattlaus auch nicht mehr wie ein dummes Viech vor, sondern wie ein ausgefuchster Gangster, der es geschafft hat, mit einem genialen Konzept einen Geldtransporter zu überfallen oder Diamanten unterirdisch aus einem Museum herauszumogeln. Ich dachte fast schon respektvoll über sie nach, diese Laus. Über ihre Biologie und ihre Tricks.

Deswegen würde ich die Blattläuse trotzdem genauso umlenken und sie damit gscheid verarschen, keine Frage. Aber halt freundlich.

Die Hehna

«Wie isn des eigentlich mit de Hehna?», fragte ich einmal in einer GbR-Sitzung. Inzwischen war das schon unsere dritte Runde. Wir hatten gerade diskutiert, wann wir wohl die erste Steuererklärung machen müssen und wer das dann machen soll (es macht der Meier vom Bauernverband). Ich saß im Wäscheständerbüro, die anderen auf ihren Couches und Küchenbänken und der Papa im Büro vor den Steinkrügen, und wir tranken Bier.

«Was is mit de Hehna?», fragte Johanna.

«Gehörn die jetzt a uns? Also der GbR?»

Hu, da schauten mir vier ratlose Gesichter entgegen. Ja, wem gehören jetzt wohl die Hehna? (Sie haben es sich sicher schon gedacht, aber für alle Fälle: Hehna ist bairisch für Hühner.)

An sich war klar, wem die Hehna gehörten: meiner Mama. Weil sie ist diejenige, die ihnen jeden Tag Futter in den Stall bringt und frisches Wasser und nachschaut, ob alle da sind und ob sie gesund ausschauen. Dafür hat sie extra Hühnergartenschuhe aus Plastik, die sie immer beim Reingehen anzieht, niemals dürfte da irgendwer anders rein und schon gar nicht mit Straßenschuhen! Der Hühnerstall ist so ein kleiner Raum im Austraglerhaus, so groß wie unser Wäscheständerbüro in Hamburg, acht oder neun Quadratmeter. Man sollte bei der Gelegenheit erwähnen, dass es sich um exakt neun Hehna und einen Hahn handelt, die auf dem Hof eine Freifläche zur Verfügung haben, die nach Demeter-Standard für 40 Bio-Hühner reichen würde.

Im Hühnerstall sind für die Hehna ein paar Stangen zum Darauf-Schlafen und ein Holzkasten, in den sie sich zum Eierlegen reinverziehen können. Und aus dem heraus klaut meine Mama ihnen die Eier (das sind, wenn sie gut legen, fünf am Tag), um daraus Pfannkuchen zu machen und Spätzle und Spiegelei und Eiernudeln und Kuchen, viel, viel Kuchen. Ab und zu verkauft sie auch welche an eine Nachbarin, 20 Cent das Stück, oder sie verschenkt ein paar. Meine Mama ist auch diejenige, die abends kontrolliert, ob die Hehna auch ja alle durch das kleine Loch in der Wand in ihr Haus spaziert sind, damit sie über Nacht nicht der Fuchs oder ein Marder derwischt. Immerhin muss sie nicht mehr jeden Tag die Hühnerklappe in der Früh aufmachen und am Abend wieder zu, weil meine Eltern sich da vor ein paar Jahren eine automatische Variante geleistet haben. Wenn die Sonne aufgeht, merkt das jetzt ein Lichtsensor und fährt die Klappe hoch, und wenn es dunkel wird, geht die wieder runter. Höchst praktisch.

Die Mama ist auch diejenige, die im Hühnergarten ständig das Gras mäht, weil die Hehna mögen es nicht, wenn es so hoch ist, und sie räumt ihnen auch mal schnell das halbe Austraglerhaus frei, wenn wieder mal die Zugvögel die blöde Vogelgrippe daherbringen. Das letzte Mal hat sie ihnen einen Haufen Stroh und Heu und Gras in den alten Saustall geworfen und dann die Tür vom Hühnerstall aufgemacht, damit sie von dort aus in den Saustall laufen können. «Die armen Hehna», hat meine Mama da oft gesagt.

Vor ein paar Jahren kam mal eine Lebensmittelkontrolle, die haben geschaut, ob das Futter der Hühner auch zugedeckt und nicht im Stall gelagert ist, und für Mäuse unzugänglich und, und, und. Alles vorschriftsmäßig, sagten die, und auch darum kümmert sich die Mama.

Die Hühner hat meine Mama von der Oma geerbt. Sie

hätte jederzeit sagen können, ich hab keine Lust mehr darauf. Aber das hat sie nicht. Sie hat sogar immer wieder neue dazugekauft. Ich glaube also, sie mag sie wirklich.

«Die Hehna sind schon Teil der Landwirtschaft, also gehörn sie jetzt wohl auch der GbR», sagte mein Papa.

«Ha», sagte ich, «dann wär ich für einen vertraglich geregelten Anspruch auf zehn Eier pro Jahr pro GbR-Mitglied.»

«Jaja», sagte der Papa, «kommst und holstas ab.»

«Aber mal ehrlich, wenn jetzt die Hehna der GbR gehören und die Mama nimmt die Eier, müsste sie die dann bezahlen?», fragte ich.

«Nein, das geben wir bei der Steuererklärung ohnehin schon als Privatentnahme an, wie des Brennholz auch. Wir zahlen für die Hehna auch den Berufsgenossenschaftsbeitrag, ein Euro pro Hehn! Der Gockel kost a bisserl weniger.»

«Ja der is a ned so gefährlich.»

«Oiso müsst die Mama dann die Hehna von der GbR pachten oder wie?»

Uaaaaahh, da ging wieder ein Stöhnen durch die Laptop-Lautsprecher. Ja, wie ist das denn jetzt schon wieder. «Vielleicht könnt die Mama die Hehna in Privatbesitz nehmen, und dann gehörens halt ihr.»

«Hmmm ja, und wenn die Hehna der Mama gehören, dann wär wieder der Hehnawoaz Privatentnahme, oder?» (Anmerkung der Autorin: Der Hehnawoaz ist der Weizen von unserem Feld, den mein Papa jedes Jahr von der Ernte abzweigt, um ihn den Hühnern zum Fressen zu geben. Im letzten Jahr waren das 600 Kilo, da holen sich aber auch die Nachbarn was davon, und die Spatzen fressen auch mit. 300 Kilo, sagt die Mama, reichen bei den paar Hühnern für zwei Jahre. Kostet fast nix, aber trotzdem – großes Seufzen – muss das ja auch rechtlich sauber gelöst werden mit de Hehna.)

«Vielleicht fragst des amal den Meier.»

Mein Papa nickte und schrieb etwas auf einen Zettel, ich
vermute «Meier nach Hühnern fragen» oder so ähnlich, und
ich fragte mich kurz, ob er mit dieser Übergabe wohl mehr
oder weniger Arbeit hatte als vorher. Mehr, glaub ich. Aber ich
glaube auch, es machte ihm wirklich viel Spaß. Und zwar das
wieder mehr als vorher.

Jedenfalls wegen de Hehna: Also ich muss ja sagen, dass es
mir ziemlich wurscht ist, was mit denen wird. Wenn meine
Mama sie eines Tages «wegduad», wein ich denen nicht nach.

Ich finde nämlich, dass die auch in die Kategorie «Scheiß-
viecher» fallen. Weil sie fies sind. Fies und blöd und gemein.

Da gibt es zum Beispiel eine Henne, die bei meiner Mama
lebt, und an der wird das ganz klar. Sie heißt Lucy und ist weiß.
Das heißt, sie war mal weiß, jetzt ist sie eigentlich nur noch
zerrupft, so als hätte sie ein Fuchs ein bisschen abgefieselt,
überall schaut die Haut raus. Sie sieht so übel aus, weil die
anderen Hennen die ganze Zeit auf ihr herumhacken, im
wahrsten Sinne des Wortes.

Die Lucy kam bei meiner Mama als Geflüchtete an. Vor zwei
Jahren ungefähr wohnte sie noch bei einer Freundin von Elli
in Regensburg, zusammen mit drei anderen Hühnern. Da war
die Lucy noch die Chefin der Herde, so die Überlieferung. Sie
war also die Erste, die den Salat picken durfte, sie kriegte die
dicksten Würmer und die schönsten Käfer ab, und auf der
Hühnerstange im Stall suchte sie sich immer den besten Platz
zum Schlafen aus.

Und dann eines Tages, in aller Herrgottsfrüh, kam der Fuchs,
vielleicht war es auch ein Marder. Zwei Hühner lagen danach
tot am Boden, ein Huhn fehlte ganz. Nur Lucy hatte überlebt.
Sie saß ab da wie erstarrt in einer Ecke vom Hühnerstall.
Zerrupft, fast nackt und sie blutete. Sie legte auch eine Weile

keine Eier mehr, obwohl sie erst eineinhalb Jahre und damit für eine Henne noch jung war.

Ohne andere Hühner kann kaum ein Huhn glücklich leben, dachte sich dann die Freundin meiner Schwester und suchte eine neue Herde für Lucy, eine, die ihr sozusagen Asyl bot. So landete Lucy bei meiner Mama.

An sich hat sie es da so gut wie kaum irgendwo, weil abgesehen von dem vielen Platz gibt es in ihrem Hühnergarten viele Büsche, in denen sie sich tagsüber vor Raubvögeln verstecken kann, es gibt Sand zum Scharren und zum Graben nach Würmern und einen großen Stall, um nachts geschützt vor Füchsen und Mardern in Ruhe zu schlafen. Wären da nicht diese anderen blöden Hühner.

Die haben in Lucy einen Eindringling in der Herde gesehen, einen, der ihnen Futter klaut und womöglich sogar die Gunst des Hahns! Als neue und dann auch noch weiße Henne (die anderen sind so braun-schwarz) war sie am unteren Ende der Hackordnung. Sie haben sie im Kreis herum gejagt und sind auf sie draufgeflogen und haben gegen ihren Kopf gepickt und sie nicht ans Futter gelassen.

Lucy hat zwei Mal versucht zu fliehen. Einmal fand meine Mama sie unter einem Baum, und das zweite Mal fing sie ein Nachbar ein. Der hatte selber drei Hühner und nahm sie eine Weile zu sich. Er und seine Frau haben ihr sogar ein paar Wochen einen Extra-Integrationsservice gestellt. Sie sind jeden Tag ganz früh aufgestanden und haben das Türchen zum Hühnergarten aufgemacht, damit Lucy da mal in Ruhe herumlaufen und im Sand scharren konnte. Eine Weile hat das auch ganz gut ausgeschaut, Lucys Federn sind nachgewachsen, und sie hat wieder gefressen und wurde kräftiger. Irgendwann aber ging das auch nicht mehr gut, die Lucy hat da wohl ihr Chefinnengehabe wieder hervorgekehrt und die anderen

Hühner angepickt, na ja, da musste die Lucy wieder zu meiner Mama ziehen. Da legt sie zwar inzwischen tatsächlich wieder Eier (meine Mama sagt, sie ist die beste Legehenne), aber sie ist eben auch wieder das letzte Huhn in der Rangfolge, am untersten Ende der Hackordnung, der ausgemachte Rucksacksepp. Ich steh mit den Kindern oft am Zaun vom Hühnergarten, und wir schauen ihr zu, wie sie so herumläuft, ganz zaghaft und ängstlich versucht sie, mit gesenktem Kopf sich von hinten einem gerade reingeworfenen Grashaufen zu nähern. Doch bevor sie mit ihrem Schnabel was derwischt, kommt wieder so eine andere blöde Henne daher und hackt ihr blitzschnell auf den Kopf, und Lucy zieht wieder ab. Es ist ein Trauerspiel. So was würden wir unter Menschen nie dulden, aber bei den Hühnern ist das ganz normal. Grausam sinds, diese blöden …

«Oiso, des soll jetzt die Mama entscheiden, wie sie des mit de Hehna machen will. Und dann regeln wir das.»

Wir nickten alle entschlossen.

Beim späteren Recherchieren haben wir dann festgestellt, dass das mit der Übernahme der Hühner in den Privatbesitz tatsächlich nicht so einfach ist. Sie gehören also weiterhin der GbR, die Mama hat aber den – mündlich abgesprochenen – Betreuungsauftrag. Der Lohn für sie sind die Eier, abzüglich der 50 Eier pro Jahr für die GbR-Mitglieder. Die wiederum werden in der Regel in Kuchen-Form ausgezahlt.

Das ist doch kein Wetter

«Da voane halten. Ja, genau da.»

Ich griff an das riesige eiserne Teil vor mir, und der Georg kam ein paar Schritte näher und deutete an die Vorderkante.

«An der Ecke is's besser.»

Ich umklammerte die Ecke und lugte zu meinem Papa rüber, der auf der anderen Seite des alten Garagentors, das da am Holzschuppen lehnte, das Gleiche machte.

Der Georg ging wieder langsam zum blauen Bulldog zurück, stieg die drei Stufen hoch, haute die Tür zu, startete (Geräusch mehr so diiii-rr-rr-rr-rr-rr), und dann fuhr er langsam den Frontlader nach oben. Das Tor wackelte, und mein Papa und ich hielten es fest, damit es nicht nach vorne runter und auf uns drauf wackelte, und ich hielt kurz die Luft an (wie schwer war wohl das Eisendrum und wie schnell könnten mein Papa und ich davonspringen, wenn es kippte?), aber dann ging der Frontlader schon hoch über uns in der Luft horizontal in Stellung, das Tor rumste auf die Schaufel und das ganze Gefährt schaute jetzt aus wie ein blauer Elefant, der ein Tablett auf dem Rüssel balancierte.

Der Georg fuhr mit dem Bulldog langsam eine Kurve auf den Anhänger zu, und mein Papa und ich schlichen mit ausgestreckten Armen mit, das Tor haltend. Am Anhänger fuhr der Georg so hin, dass das Tor direkt über der Ladefläche schwebte, dann winkte er uns durch das Bulldogfenster hindurch weg, wir gingen ein paar Schritte zurück, der Frontlader kippte, und das Tor fiel mit Riesenrums auf den metallenen Wagen.

«Hui», sagte ich.

«Jaha», sagte der Papa.

Nix sagte der Georg.

Er stieg einfach wieder vom blauen Bulldog runter, und dann gingen wir zusammen den Hof ab und schauten, was da noch so für alte Metalldrümmer oder Teile oder Drähte herumlagen. Denn das war heute die Mission vom Georg: Er sammelte ein, was es an Metall einzusammeln gab, und brachte es zum Alteisenhändler. Denn a) waren gerade die Preise für Alteisen super (mehr als 200 Euro pro Tonne) und als Unternehmer im ländlichen Raum hatte der Georg auch solche Sachen drauf und b) lag auf dem Hof meiner Eltern genug altes Glump herum, was man verschachern konnte. (Was meines Erachtens ziemlich exemplarisch ist für Bauernhöfe, ich weiß nicht, ob Sie einmal *Shaun das Schaf* gesehen haben, da gibt es immer einen Schrottplatz mit altem Geraffel, aus dem sich die Schafe neues Zeug basteln, wenn sie mal schnell eine Pizzafabrik bauen wollen oder ein Superheldenkostüm oder so was. Sie merken schon: Ich habe drei kleine Kinder, und das sind so Weisheiten, die man nur erringt, wenn man kleine Kinder hat, mit denen man viel Zeit im Auto verbringt.)

Bei uns jedenfalls liegt das Glump nicht in einem Haufen auf dem Hof herum, sondern auf dem Dachboden des Hauses oder im Stadl und vor allem in der Werkstatt von meinem Papa, die ja eigentlich die Werkstatt von meinem Opa und, ich vermute stark, vor allem die von meinem Uropa war, weil da flacken Teile herum, die ich beim besten Willen nicht identifizieren kann. Lange schlangenartige Drümmer aus Eisen mit Wuschelkopf am Ende, blättchenartige mit Loch und scharfen Seiten und ankerartige schwere Dinger und Rechen und Spaten und spitze pfeilmäßige Teile mit Holzstiel und völlig verrosteten Enden aus Metall. Ja, was davon brauchte man jetzt noch und was konnte der Georg mitnehmen?

«Hmmm», sagte ich.

«Hmm», sagte der Papa.

Aber dann kam zum Glück die Mama in die Werkstatt ge-
schneit und sagte: «Des do kann weg» und «Des a» und «Des kann a weg» und «Des a alles», und der Georg und ich und der Papa trugen alles raus zum Anhänger und schmissen es nauf.

Meine Mama ist eine sehr gute Aufräumerin. Ich könnte sie jedem empfehlen, der gedenkt, seine Besitztümer innerhalb von zwei Stunden um zwei Drittel zu reduzieren, da fegt die durch und sagt «Des do» und «Des a» und «Des a no», und dann schmeißt sie alles in Kisten, und ich schwör: Sie werden nie irgendwas vermissen.

«Mogst no an Kaffee?», fragte mein Papa den Georg, als wir alle krummen Teile verräumt hatten.

Der Georg nickte, und wir setzten uns in die Eckbank und unterhielten uns. Über Buchweizen und ob der als Zweitfrucht geht und dieses Getreide namens Triticale, von dem auch Hanni schon erzählt hatte. Das ist eine Kreuzung aus Weizen und Roggen, erfuhr ich jetzt, ein bisschen standhafter bei Gewittern.

«Nimmt den auch der Raiffeisen?», fragte ich.

«Naa», sagte der Georg, «aber der Oberhofer vielleicht. Müsst ma reden mit ihm. Aber ich mein, seine Schweine fressen des auch.»

«Hmm-m», sagte ich da.

Und dann ging es um die GbR.

Der Papa erzählte von der letzten Sitzung, wie wir über den Geschäftsführer abgestimmt hatten und dass er alles in einem Protokoll mitgeschrieben und uns dann geschickt hatte, und ich lugte auf den Georg. Weil, das war jetzt schon interessant, was der Georg über unseren Club da dachte. Auf eine Art konnte man an ihm einschätzen, wie das wohl überhaupt hier in der Gegend ankommen würde. Waren wir denn mit unserer Idee, mit der GbR, sagen wir mal, akzeptiert?

Der Georg saß einfach in der Eckbank und hatte die Arme verschränkt wie immer. Er hörte dem Papa zu, lächelte unter seinem Käppi hervor und sagte «M-hmm» und «Aha», als hätte der vom Dreschen erzählt oder von einer kaputten Heckscheibe. Also: von etwas ganz Normalem.

So überraschend, wie ich dachte, waren wir GbR-Bauern wohl gar nicht. Vor allem war vermutlich den anderen Leuten wurscht, was wir da wie deichselten.

Ich freute mich ein bisschen in mich rein, und der Papa stand derweil auf, ging ins Büro und kam mit dem aktuellen Georg-Zettel zurück. Heute stand in Schreibschrift drauf: Winterweizen, Winterroggen, Maschinen und Geräte, Baum in der Wiese.

«Oiso», begann der Papa, «die Sorten ham wir ja schon ausgemacht, und mit de Geräte wollt ich amal drüber reden, wer die kriegen soll, wenn ich übergeb. Weil a paar gehörn ja zur Hälfte oder zu am Drittel dir. Die Sämaschine und die Kreiselegge. Jetzt woaß i ned, wie du des mechadst?»

Der Georg zuckte mit den Schultern. «Wie du moanst. Mia is des recht.»

«Hm-mmm. Na dann schau ma no.»

«Hmm.»

«Und was heißt ‹Baum in der Wiese›?», fragte ich.

«Da ist ein Baum umgfallen. Und der liegt jetzt in der Wiesn drin. Da bei der Quelle.»

«Hmm.»

«Die Frage ist, was machma damit?»

«Miassat ma uns anschaun», sagte der Georg. «Kannt ma aber glei macha.»

Zehn Minuten später saß ich auf dem Beifahrersitz beim

Georg im blauen Bulldog, und wir fuhren zur Quellen-Wiese. Das war schon sehr viel bequemer als auf dem Fendt. Mit gepolstertem Sitz. Und so leise, wenn alle Türen zu waren. Es zog auch nix. Und da gab es sogar ein Radio. Toll.

«Musst du dann mitm Rückewagen kommen und den Baum aufheben?»

«Schau ma moi.»

«Hmm.»

War das leise hier drin. Wahnsinn.

«Mei Mama hat immer gesagt, warum der eigentlich Rückewagen heißt, wo er doch vorwärts fährt.»

«Was?»

«Der Rück-geh-Wagen.»

«Geh Schmarrn.» Der Georg lächelte.

«Aber warum heißt er denn echt so?»

«Holz duad ma rücken. Also ‹Rücken› heißt einfach ‹Transport von gefällten Bäumen›. Beim Maibaumaufstellen sagen die Männer heut immer noch Ho-Ruck.»

«Ach! Wieder was gelernt.»

Wie wir ankamen, stand mein Papa schon am Rand der Wiese bei dem umgefallenen Baumstamm. (Er war mit dem Smart vorgefahren.) Da am Rand neben der Quelle wuchsen nämlich auch noch ein paar Bäume, hauptsächlich Laubbäume wie Erlen und Eschen und Weiden, und einer davon war umgeknickt und mitten in die Wiese geplumpst. An dem einen Ende quetschte sich jetzt die Krone mit ihren feinen, blättrigen Ästen in die Wiese, auf der anderen Seite sah es aus, als hätte ein Riesenbiber reingebissen und ein bisschen auf dem Baum rumgekaut und den Rest dann liegen gelassen. Der Baum war auf jeden Fall hin.

Ich stapfte durch die matschige Wiese, in den Gummistiefeln meiner Mama natürlich. Es muffelte ein bisschen so wie leicht vergammeltes Wasser, und es regnete nieselig von der Seite. Ein paar Meter weiter hinten stapfte ein Storch über das Gras und hielt wohl nach einem Frosch oder einem Wurm Ausschau, aber unsere Anwesenheit kümmerte ihn offensichtlich nicht.

Der Georg ging zum Baum, schaute ihn sich kurz an, und während der Papa und ich noch das Wort «Zerlegen» in unseren Köpfen formten, öffnete der Georg schon wieder die Bulldogtür, holte eine Motorsäge raus, riss sie an und schnitt – riium, riiium – den Baum in fünf kleine Teile. Dann stieg er wieder rauf auf den Bulldog, startete und schob die Stämme mit dem Frontlader an den Wiesenrand. Es knackste.

Als er fertig war, hoben der Papa und ich die liegen gebliebenen kleinen Äste auf und schmissen sie zu den großen Stämmen an den Wiesenrand.

«Da kann der Joe jetzt weitermähen. Und im Herbst machmas dann weg», sagte der Georg und half bei uns mit.

Ich warf einen Berg Äste hinter ein großes Stammstück.

«Wie isn der Baum überhaupt umgefallen?»

«Da war doch der Sturm vor ein paar Tag, der Bernd. Der ist auch hier durchzogen und hat den Baum umgeworfen.»

«Hmm.»

Ich sammelte und schmiss, und es knackte die ganze Zeit von den kleinen Ästen, auf die wir drappten. Dann fuhren wir wieder heim. Am Abend war dann der Bernd in den Nachrichten, und das sollte die nächsten Tage noch viel dramatischer werden. Bernd verursachte so viel Hagel und Stürme in Europa wie womöglich seit Hunderten von Jahren nicht gesehen. Deutschland versank im Hochwasser. 180 Menschen starben.

Wir saßen vor dem Fernseher und schauten fassungslos auf die Bilder der überfluteten Häuser und der zerrissenen

Brücken und der Menschen, die verzweifelt in den Trümmern ihrer Existenz standen.

Ich dachte an die Hochwasser meiner Kindheit, wie die Feuerwehr durch die Straßen donnerte und Keller in der Gegend auspumpte. Und daran, dass meine Oma immer erzählt hat, wie sie sich bei einem Gewitter alle an den Küchentisch gesetzt und zusammen einen Rosenkranz gebetet haben, weil sie Angst hatten, dass der Sturm das Getreide platt legt oder der Hagel die Ernte vernichtet. Und an Wiebke, den Sturm, der damals die Bäume in unserem Wald umgeschmissen hat. Wie ich dann neue gepflanzt habe, die jetzt erst, 30 Jahre später, wieder richtig groß sind.

Und an die vielen Nachrichten, die der Papa auch über Whatsapp verschickt. Von dem Gewitter, das in den Hopfengärten neulich die Hopfenreben abgerissen hat, und von den Bauern, die jeden einzelnen Stock wieder aufhängen mussten.

Und dann dachte ich: Alles das wird in Zukunft öfter anstehen. Weil wir wissen ja alle, wie es um unser Klima steht.

Die großen Fragen

Das Problem ist, wenn man einmal anfängt, sich mit alledem zu beschäftigen, ist das, als ob man in einen Pichelsteiner Eintopf fällt. Und dann versucht man, sich durch dieses ganze Suppenzeug durchzukämpfen, durch die Kartoffelstücke und die Karotten und das Fleisch, um da irgendwie wieder rauszukommen.

1. Klimaerwärmung: 8,2 Prozent aller Treibhausgase in Deutschland kommen aus der Landwirtschaft, schreibt das Umweltbundesamt. Das ist für die Klimaerwärmung ein ziemlicher Faktor. Den Hauptanteil daran hat die Viehhaltung, speziell das von den Kühen produzierte Methan. Wir haben ja keine Kühe auf dem Hof, aber es gibt eben auch die dieselfressenden Maschinen, die zum Feld hin- und zurückfahren, und synthetische Düngemittel, die sehr energieaufwendig in der Herstellung sind.

2. Flächennutzung: 5 Milliarden Hektar Agrarflächen gibt es auf der Erde, davon sind 1,5 Milliarden Hektar Ackerland, von denen man aber 7 Milliarden Menschen satt kriegen muss. Fruchtbares Land, auf dem Gemüse überhaupt wachsen könnte, ist also kostbar.

3. Naturschutz: Pflanzenschutzmittel werden auch Jahrzehnte nach der Verwendung noch im Grundwasser und in Seen nachgewiesen. Sie sind mitunter schuld am Rückgang der Feldvögel, am Sterben der Insekten.

Alles das, diese großen Themen unserer Zeit, trieben auch mich und meine Geschwister um. Wir telefonierten immer wieder, redeten über Trinkwasserbrunnen, die in Bayern wohl bald wegen zu hoher Nitratwerte geschlossen werden müssen, wegen denen, die zu viel düngen, über das Hochwasser, das auch den Garten meiner großen Schwester in den vergangenen Jahren zwei Mal weggespült hatte.

Und darüber, was das für uns bedeutet, was wir mit unserer Landwirtschaft in Anbetracht von alledem anfangen sollten.

Was diese Fragen angeht, muss man sagen, hat mein Papa jetzt wieder eine Luxusposition. Als wir einmal in einer GbR-Sitzung darüber geredet haben, hat er in etwa Folgendes zu uns gesagt: «Es gfreit mi, dass ihr Interesse habts. Wir können alles macha. Aber aufgrund meines Alters hab ich keine Lust mehr, mich noch groß in ein neues Thema einzudenken. Das müsstests ihr dann schon selber macha. Ich würd also sang, jetzt recherchierts ihr mal, und dann schau ma, was geht.»

Von heute aus betrachtet würde ich meinen: Das war ein ausgefuchster Trick von ihm. Dass nämlich auch meinen Papa diese Fragen umtreiben, war klar. Er hat ja schon vor 50 Jahren den Wald zum Mischwald umgebaut, vor 30 Jahren hat er einen VW Golf gekauft, der mit Biodiesel fuhr (damals gab es das noch), und auch viel Geld verloren, weil er in eine Biodieselfirma investiert hatte (irgendwann wurde der Biodiesel so hoch besteuert, dass die Firma pleitegegangen ist). Vor 20 Jahren hat er das Hausdach zuerst mit Solarthermie zupflastern lassen und dann, vom Georg, mit Fotovoltaikanlagen. Sein Smart fährt jetzt mit selbst produziertem Strom. Immer mal wieder hat er auch überlegt, den ganzen Betrieb auf Bio umzustellen. Warum er es nicht gemacht hat, fragen Sie sich? Siehe Zitat oben.

Ich glaube also, mein Papa wollte wirklich gerne, dass wir uns Gedanken machen und Vorschläge bringen und überlegen, was wir ändern wollen. Er hat zu mir auch schon mal gesagt, die Nachfolgenden sollen gefälligst was Neues machen. Und das ist nicht selbstverständlich, das weiß ich sehr wohl. Da gibt es Bauern, die kurz vor der Übergabe noch schnell einen neuen Kuhstall bauen und damit den Betrieb der Kinder auf Jahrzehnte festlegen – und dazu noch einen Haufen Schulden übergeben. Und das nur, weil sie nicht wollen, dass die Kinder was anderes aus dem Hof machen und so vielleicht mit Traditionen brechen.

Ich kann mir aber schon auch vorstellen, dass es nicht so leicht ist, eine Landwirtschaft zu übergeben. Das ist nicht, wie jemandem ein bisschen Schmuck zu vererben. Da hat einer jahrzehntelang geplant und geschuftet und etwas für richtig erachtet, und jetzt kommen da ein paar junge Schlaumeier daher und sagen: «Dä, dä, war alles nix.»

Jedenfalls: In unserer Landwirtschaft werden künftig wohl die meisten Arbeiten vom Georg und vom Joe und vom Oberhofer gemacht, und vom Papa, solange er noch mag – es kommt also für uns vor allem darauf an, möglichst kluge Entscheidungen zu treffen.

Aber da war eben dieses Suppentopfgefühl. Alles das, diese großen Fragen zu durchblicken und langfristig das Richtige zu tun – das finde ich die schwerste Übung. (Aber jetzt auch zu meiner eigenen Verteidigung: Ich glaube, dass alle Landwirte, und überhaupt alle Menschen, bei diesen Themen schwimmen und um eine Lösung für sich ringen.)

In den GbR-Sitzungen diskutierten wir also neben den aktuell anstehenden Wischen, die wir wieder durchsehen/aufsetzen/unterschreiben mussten, auch über den Mais, der bei uns auf dem Acker wächst, und die Frage, ob Energiemais nun für die Energiewende notwendig ist oder nicht. Ob man auf diesem wertvollen Ackerland nicht doch auch Kartoffeln oder so was anbauen sollte. Und ob wir das überhaupt stemmen könnten, wenn der Großteil der GbR-Mitglieder nicht vor Ort ist.

Darüber, was der Mais an Spritzmitteln braucht (eher wenig, er wird nur einmal im Jahr gespritzt, und zwar mit einem Herbizid), über die Wege und Fahrten, die die Traktoren dahin unterwegs sind (auch eher wenig, denn es wird ja nur einmal gesät und einmal gespritzt und dann geerntet), und ob es nicht irgendwas gäbe, was wir anbauen könnten, das man überhaupt nicht spritzen muss – das langfristig hinzukriegen fände ich ja top.

Und so kam es, dass ich einmal in einer GbR-Sitzung referierte, dass wir mal eine Kombination aus Mais und Stangenbohnen auf dem Acker anbauen oder ein paar Jahre lang nur Kleegras dort stehen haben könnten, oder vielleicht mal eine Pflanze namens Durchwachsene Silphie. Das ist auch so eine Energiepflanze, aber bei der ist der Aufwand noch geringer als beim Mais. Da kommt im ersten Jahr eine Firma, die sät die an, und dann bleibt die Silphie auch mal 15 oder 20 Jahre stehen. So baut sich wunderbar Humus auf, die Silphie ist also gut für die Bodenfruchtbarkeit, und sie blüht – also für die Insekten wäre das auch nicht schlecht. Man müsste womöglich irgendwann gar nicht mehr spritzen, weil sie gegen viele Krankheiten und Schädlinge widerstandsfähig ist. Und mit Unkraut kommt sie selber klar. Und außerdem: Ein bisschen hübscher als der Mais ist sie auch. Sie sieht aus wie eine zu klein geratene Sonnenblume, und das zu Tausenden in einem Feld. Schon schön.

Und falls Sie jetzt denken, Mensch, da hat die sich ja schon viele coole Sachen überlegt, dann würde ich das sehr gerne so stehen lassen.

Ich mach das auch noch diese Zeile lang.

Jetzt aber muss ich Ihnen die Wahrheit sagen: Ich hab all

diese tollen Ideen vom Georg abgestaubt. Von ihm weiß ich auch, dass es auf diese Silphie womöglich Prämien gibt. Und wie ich das auf der GbR-Sitzung erzählt habe, da grinsten alle ein bisschen, weil das Ding mit den Prämien hat sich bei uns zum Running Gag entwickelt.

Zuschüsse vom Staat oder von der EU gibt es nämlich für Landwirte einen Haufen. Wenn man seine Wiese erst nach dem 1. Juli abmäht zum Beispiel oder einen Obstbaum pflanzt oder eine spezielle Frucht wie die Silphie. Neulich haben wir sogar darüber diskutiert, ob wir noch eine Jungbauernförderung bekommen könnten (44 Euro pro Hektar!), weil Johanna, die jüngste GbR-Bäuerin in unserem Club, ist noch unter 40.

Das Thema «Prämien und Subventionen» fällt für mich übrigens auch in die Kategorie «Wenn man anfängt, sich damit zu beschäftigen ...». Wer da einmal den Einstieg sucht, wird vermutlich (so wie ich) als Erstes feststellen: Die ganzen Finanzhilfen der Landwirtschaft haben krasse Ausmaße. Allein die Europäische Union gibt über die nächsten sieben Jahre hinweg 387 Milliarden Euro für diese sogenannte Gemeinsame Europäische Agrarpolitik aus. Viele Bauern in Deutschland leben geradezu von Förderungen.

42 Prozent des Einkommens eines Haupterwerbslandwirts, stand neulich in der *agrarheute*, kommen aus Prämien und Subventionen.

Der Georg kriegt auch ein paar solcher Prämien, dafür, dass er mulcht zum Beispiel, und dafür, dass er seine Wiesen recht spät mäht, und zwar – weil er das aus Umweltschutzgründen macht – vom bayerischen Kulturlandschaftsprogramm, dem KULAP.

Wir bekommen nur diese EU-Flächenprämie, die jeder Landwirt in Deutschland bekommt, das sind ungefähr 300 Euro pro Hektar. (Haben Sie an dieser Stelle übrigens einmal meine souveräne Verwendung des Wortes «wir» bemerkt? «Wir» kriegen das. Ich gebe ja zu, ich hatte zuerst «Mein Papa» hingetippt, habe es dann aber wieder weggelöscht. Das «wir» kam also erst nachträglich rein, und es kommt mir immer noch leicht absurd vor. Nicht nur, weil ich mich erst an den Gedanken gewöhnen muss, dass ich tatsächlich Landwirtin bin und als solche auch Einkommen habe, sondern vor allem, weil ich bisher zu all diesen Verwaltungsdingen wenig beigetragen habe. Mein Papa hat einfach alles umschreiben lassen auf die GbR und zack.)

Zur Silphie jedenfalls sagten in dieser Sitzung alle erst mal «Hm-hmm» und «Müssten wir schauen, ob das bei uns geht und ob die Biogasanlagen das dann auch nehmen» und ansonsten allgemeines Schulterzucken, Richtung eher positiv.

Dann redeten wir noch ein bisschen über Hecken, die ein guter Rückzugsort für die Wildtiere sind, und kurz hustete einer das Wort «Windradl» ins Laptopmikrofon, aber das wurde unter allgemeinem Gelächter gleich abmoderiert. So ein einzelnes Windrad kostet ja schon mal eine Million, und außerdem ist das 6-Hektar-Feld, auf dem das noch am ehesten ginge, ja eben fruchtbares Ackerland, und da wollen wir schon was anbauen. (Okay, das war ich mit dem Windrad, und ich weiß selber, dass das ein bisschen utopisch ist. War auch nicht ernst gemeint. Aber seien Sie ehrlich: So ein eigenes Windrad zu besitzen, das würde Sie auch reizen.)

Wir verabschiedeten uns also mit «Jetzt schau ma mal» und «Da müssen wir noch mal genau recherchieren», dann winkten alle müde und schlichen in ihre Betten.

Ein paar Tage später hab ich noch mal mit der Elli telefoniert, und ich erzählte ihr von Bernd und dem Baum in der Wiese bei der Quelle. Weil das ist natürlich auch wieder eine Weise, auf die wir uns mit dem Klimawandel beschäftigen müssen, im

Sinne von: Wie rüsten wir uns? Angesichts der zunehmenden Stürme und der Starkregenereignisse betrifft das vor allem unseren Wald, also die Bäume.

Und da muss man sich an Elli halten.

Elli hat in ihrem Garten schon so einiges ausprobiert, da wachsen ein Apfelbaum, ein Kirschbaum, ein Birnbaum, ein Ahorn, eine Birke, zwei Linden, eine Kastanie, eine rosa Kastanie, ein Zierapfelbaum, eine Maulbeere, ein Tausendblütenbaum, was, das sie Zederndings nennt, und dann noch ein paar Sorten, die sie extra eingepflanzt hat, weil die womöglich in Zukunft da auch noch gut stehen, also: in einer Zukunft mit Stürmen und Starkregen und Trockenheit. Eine Baumhasel, eine Elsbeere und eine Paulownia. Alles wunderschöne Bäume, googeln Sie die mal.

Ich hab das gemacht und bin dabei auf noch so einen schönen gestoßen, einen Laubbaum aus den USA namens Schwarznuss.

20 bis 30 Meter wird der hoch, die Blätter schauen ein bisschen aus wie die von einer Esche. Er kann gut mit Hitze und Trockenheit, aber auch mit Frost, solange es kein Spätfrost ist. Die Schwarznuss ist nicht so anfällig für Pilze und Bakterien. Käfer gibts zwar schon, die sie zamfressen wollen, aber das ist bisher nicht so wild. Sogar Hochwasser könnte die ganz okay aushalten. Man sollte sie nicht allein auf einen Hügel stellen, weil sie dann so ein Sturm auch mal umreißen könnte, aber im Wald wäre das doch ein super Baum. Vielleicht sogar: in unserem Wald.

Ich war also mächtig stolz auf meine Idee und auf die glorreiche Erfüllung meines Arbeitsauftrags «Recherche» und habe dem Papa gleich einen Artikel über die Schwarznuss gewhatsappt.

Tja, und jetzt raten Sie mal, was er geantwortet hat? Schauen Sie hier:

Hallo, Maria. Die Schwarznuss haben wir schon angebaut, 169
vor zwei Jahren. Viele Grüße.

Eimsbüttel

«Hände auf!», schrie ich, und schon streckten sich mir sechs winzige Handflächen entgegen. Ich legte in jede eine Münze. Heute war Lises fünfter Geburtstag, und es gab eine Schnitzeljagd durchs Viertel. «Erste Aufgabe: Kauft euch bei Daniil was für 10 Cent. Los gehts!»

Tja, und was jetzt passierte, können Sie sich vielleicht vorstellen: Ein Haufen grölender Kinder fetzte durch die Gegend, als wären sie Schafe auf dem Weg in den Stall. Und ich wie der Hütehund hinterher.

Es ging auf dem Bürgersteig bis zum Zebrastreifen, kurzer Stopp, links, rechts, links, dann wieder Galopp bis zu dem quer geparkten Elektroroller, Schlange bilden und laaangsam drum herum balancieren. Dann schnell weiter zum Gemüseladen mit den blauen Vordächern. Stopp. Und ganz vorsichtig hineingeschlichen. Daniil zog von der Frischhaltetheke runde Plastikboxen herunter. Die Kinder schauten von Box zu Box, deuteten der Reihe nach auf was schlangenartiges Buntes, reckten Geldstücke hin und guckten Daniil zu, wie er was erklärte. Es folgte ein lautes «Aaahh», einer lief los, die Herde hinterher.

Bürgersteig, Kopfsteinpflaster, Bürgersteig, blaues Haus mit weißen Fensterrahmen, Architekturgeschäft mit Buchstaben im Schaufenster, Schmuckgeschäft mit komischen bunten Figuren, knallrotes Haus mit riesigen Schaufenstern, grünes mit kleinen Eisenbalkonen vornedran, Baum, Baum, Baum.

Schön ist das alles, wenn die Sonne scheint, dachte ich,

leicht schnaufend. Und auch: Bei dem Tempo ist die Party in zwölf Minuten vorbei.

Die Kinder bogen in den kleinen Park ab, rannten an den Boule-Spielern vorbei bis zum großen Eisentor von Lises Kita. Vor dem Eingang wieder abrupter Stopp: Nachbarin Julia streckte der Meute ihr Handy entgegen.

Man schaute drauf, einer brüllte: «Zum Brunnen!!», also weiter, vorbei am Platz mit dem roten Gitter, wo wir samstags immer mit den Kindern Basketball spielen, dem Fußballplatz im grünen Käfig, wo die Kinder danach immer schießen üben und auf die Tore klettern, zum Platz mit dem Kopfsteinpflaster, um den Brunnen herum, jetzt mehr so Suchfunktion. Die Herde suchte den Boden ab, die großen Bäume, die da durch das Kopfsteinpflaster wuchsen, die Bänke und den steinernen Seemann mit dem Akkordeon in der Hand. Kiste entdeckt, Schatz aufgehebelt und die darin enthaltenen Klatschebänder auf die Hände gedroschen. Klatsch, klatsch. Aaaaah, da tut einem beim Hingucken die Hand weh. Aber selber schuld, wer hat die Dinger denn reingepackt? Die Kinder finden diese Schlagebänder super, was soll man machen.

Mit je einem weißen Bären an der Hand ging es weiter, die lila Pfeile am Boden entlang, Bürgersteig, Straße, links, rechts, links, vorbei an den winzigen Gärten hinter den winzigen schwarzen Eisenzäunen bis zum Nagelstudio von Sabine. Die drückte jedem eine silberne Tröte in die Hand – «Und jetzt ab zur Pizzeria, Essen ist fertig!» –, also vor zur großen Straße mit den portugiesischen Cafés und den Restaurants, wo wie immer die Leute mit Kaffee und Wein und Sandwiches in der Sonne saßen und jetzt auch noch lächelten, obwohl unsere Partytruppe einen solchen Radau machte, dass das bestimmt noch in St. Pauli zu hören war. (Merke: im nächsten Jahr keine Tröten mehr.)

Aus der Pizzeria brachte die Kellnerin vier Pappboxen raus und dazu einen Haufen Lollis.

«Alles Gute, Lise», rief der Chef aus der Küche.

Und dann, zwölf Minuten später, bog die Horde in den Innenhof bei uns ein.

Eltern klatschten, kleine Geschwister guckten neidisch auf Bären und Lollis. Man rief laut: «Alles Gute zum Geburtstag!» Es wurde getrötet und gehüpft.

Mission erfüllt.

Ich nahm Lise die Pizzen ab, brachte sie in das kleine Häuschen, wo Anne und Wilke und Silvio schon eine bunte Tischdecke auf den Tisch gelegt und darauf Kuchen und Luftschlangen dekoriert hatten, und ließ mich auf eine Holzbank fallen.

Zwischen den zwei Apfelbäumen hatten sie die Hängematte geknotet, die wir hier immer dabeihaben. Einer lag auch schon drin und schaukelte gemütlich hin und her.

Ich machte die Schachteln auf und drückte jedem Kind, das vorbeikam, ein Stück Pizza in die Hand, Julia schenkte Apfelschorle ein und reichte mir ein Bier.

«20 Minuten Ruhe würd ich sagen, dann brauchen wir wieder Programm.»

«20 Minuten nehm ich.»

Ich schaute in die Sonne.

Der Himmel war blau, um mich herum hörte man nur das Gequietsche der Kinder und das Geklapper der Teller vom Italiener nebenan. Und sonst nichts. Doch, Moment, da schrien noch ein paar Möwen, die sich offensichtlich verflogen hatten, zum Hafen waren es schon noch ein paar Kilometer. Aber Möwengeschrei ist immer noch besser als das Gegurre der blöden Tauben.

«Ziehst du da jetzt eigentlich hin?», fragte Anne.

«Wohin?»

«Na, nach Bayern, wenn du doch da jetzt Bäuerin bist.»

«Na ja», sagte ich, «das ist jetzt kein Betrieb, von dem man leben könnte. Das sind vielleicht 5000 Euro Gewinn im Jahr, und das teilt sich dann auch noch auf fünf auf, also ...»

«Trotzdem. Da könntet ihr doch was draus machen. Selbstversorgerhof oder Gemüsekistenlieferungen oder so was. Das ginge doch bestimmt, oder?»

«Gehen schon. Theoretisch. Mein Cousin hat mir gerade von einem Hof erzählt, die mit sechs Hektar Acker Haupterwerbslandwirte sind, durch eben so Gemüsekistenlieferungen.»

«Und es ist doch bestimmt auch schön da.»

Ich nickte. Ja, das war es.

Es ist sehr schön da.

Und da waren die 20 Minuten auch schon um, ein Kind nahm einem anderen den Luftballon weg, großes Geschrei, also standen Wilke und ich auf, hielten eine Schnur mit Salzbrezeln in die Luft, und die Kinder versuchten, sie zu schnappen. Stimmung: 2–. Dann verbanden wir ihnen abwechselnd die Augen, damit sie blind einen Kochtopf suchen und mit einem Holzlöffel darauf einprügeln und dann ein Stück Schokolade darunter hervorfischen konnten. Stimmung: 1+.

Dann kam Hannes mit Lises ausgeschlafenen Brüdern um die Ecke gelaufen, sie aßen Schokokuchen – juhujuhu –, und die Kinder verteilten sich wieder kreuz und quer im Innenhof, schmissen sich zu viert in die Hängematte, fielen raus, kletterten auf den Apfelbaum, rauschten mit ihren Bobbycars und Laufrädern und Fahrrädern den kleinen Hügel runter, so schnell sie konnten.

Die Erwachsenen standen in der Sonne und tranken Bier

und aßen Kuchen, bis die Geburtstagsgesellschaft recht abrupt zu uns nach Hause lief und alle Eltern hinterher.

Und da stand ich dann alleine im Häuschen, stapelte Becher übereinander und legte Tischdecken zusammen.

Ob ich da hinziehe? Komisch, seit einigen Wochen hatte ich gar nicht mehr über die Frage nachgedacht.

Ich hievte die vollgestopfte Ikeatasche auf die Schulter und schlenderte nach Hause. Da standen alle Wohnungstüren offen, unsere Kinder und die Nachbarskinder liefen kreuz und quer durch alle Zimmer, der Mann stand in der Küche und fabrizierte das Abendessen. Alle schienen beschäftigt, und ich nutzte die Gelegenheit und schlich zu Anne auf den Balkon.

Anne, muss man wissen, ist wahrscheinlich das nordische Pendant zu mir. Sie kommt aus einem kleinen Ort in Schleswig-Holstein, ganz nah an der Küste, aus einer Familie von Seeleuten. Ihr Papa war ungefähr genauso lange Kapitän wie meiner Landwirt. Also: quasi schon immer. Das Haus ihrer Eltern ist vollgestopft mit Raritäten aus der ganzen Welt, die er von seinen Fernreisen mitgebracht hat. Anne ist vor zehn Jahren nach Hamburg gezogen, in die Wohnung gegenüber, ihr Sohn ist so alt wie Lise, die beiden gehen zusammen in die Kita, und wir sind Freundinnen geworden. Auf ihrem Balkon bin ich also recht oft. Und wenn die Kinder gerade irgendeines der Zimmer zerlegen, machen Anne und ich die Tür zu.

«Sekt?», fragte sie, als sie mich kommen sah.

Ich nickte.

Zwei Minuten später hatte ich ein Glas in der Hand, und wir machten die Tür zu. Man fuhr mit Motorradhelmen und Bobbycars den Gang auf und ab.

«Für Selbstversorger oder Gemüsekisten bin ich nicht der Typ», sagte ich.

«Was bist du nicht?»

«Na, was du vorher gefragt hast. Dafür kenn ich mich einfach zu wenig aus. Und was ich inzwischen weiß, ist, dass das, also Landwirtschaft als Lebensgrundlage, dass das auch nichts ist, was jeder mal so hoppladihopp einfach machen kann. Da hab ich zu viel Respekt davor, vor dem, was man da alles wissen und können muss.»

«Du meinst also, du ziehst nicht hin?»

«Nein. Ich mag die Arbeit, die ich habe, und mein Leben hier in Hamburg. Aber ich will das trotzdem machen, die Landwirtschaft zusammen mit meinem Papa und meinen Geschwistern. Ich krieg da ein Stück Heimat, und das ist nicht bloß ein bisschen Erde. Das ist Familiengeschichte. Mein Papa hat mit der Landwirtschaft genug Geld verdient für unser Haus und für sein Studium, und damit hat er dann wiederum genug gehabt, um uns im Studium zu unterstützen. Und jetzt führen wir das weiter, das ist unsere Aufgabe. Vielleicht nicht eine große landwirtschaftliche, aber eine emotionale. Und ich glaub, ich wollte das immer, mehr dort mitmachen und trotzdem mein Leben so leben, wie es zu mir passt. Und das kann ich jetzt.»

«Klingt schön», sagte Anne.

Und wissen Sie was? Vielleicht habe ich deshalb nicht mehr so oft über die Frage nachgedacht, ob ich nun mein Leben umschmeißen muss, weil das denkt man ja immer heimlich so hintenherum, aber wenn dann eine Gelegenheit kommt, es tatsächlich zu tun, dann muss man sich aktiv entscheiden. Und das habe ich.

Was mir die letzten Monate nämlich auch erst richtig klar geworden ist, ist Folgendes: Mein Papa hat die meiste Zeit seines Lebens die Landwirtschaft nebenbei gemacht, und sein Papa und dessen Papa und überhaupt die meisten meiner Verwandten auch. Sie hatten immer viele verschiedene

Berufe. Dass man also Dinge gleichzeitig machen kann, also auch «sein» kann, das gehört auch zu meiner Familie, zu meinen Wurzeln.

Und ganz ehrlich, diese einfache Erkenntnis hat mir viel gebracht. Ich muss mich nicht entscheiden, zu welcher Welt ich gehöre. Ob ich Großstädterin oder Landkind bin – ich bin beides. Ich sitze nicht zwischen zwei Stühlen, sondern auf beiden drauf.

Wenn mich also Hanni heute noch mal fragen würde, was ich bin, würde ich sagen: Hamburger Journalistin UND niederbayerische Landwirtin.

Darum ärgere ich mich trotzdem, wenn ein Sturm durch den Wald bläst und möglicherweise Bäume umschmeißt oder das Feld gesät werden muss und ich nicht da bin, und ich frage mich immer noch, wie um alles in der Welt man Kinder großkriegen soll ohne eine Ziege – aber Himmel, irgendwas ist ja immer.

Ich hab das alles nicht laut gesagt. Mehr so leise in mich hineingelächelt.

Aber mit dem Gedanken waren die klassischen 20 Freiminuten auch schon wieder um, und einer kam gerannt, klopfte an die Balkontür und wollte was trinken. Ich brachte Becher mit Wasser und räumte Bagger aus dem Weg und Legosteine und Malstifte und Kleber und Puppen und Socken. Und später warf ich den Schnecken frischen Salat in die Box. Kopfsalat, ein ganzes Blatt. Aus dem Kühlschrank.

Stadt, Land, mehr

Einmal hat auch mein Papa in der Stadt gelebt, und zwar in München. Das ist jetzt 50 Jahre her. Da hat er in einem Möbelgeschäft gearbeitet. Warum gerade in einem Möbelgeschäft, das weiß ich nicht und das kriegt auch mein Papa nicht mehr genau zusammen. Das hat ihm damals das Münchner Arbeitsamt vermittelt. In der Zeit nämlich, 1966, waren meine Oma, mein Opa und meine Tante Mathild allein auf dem Hof, die anderen Tanten hatten da schon woandershin geheiratet. Und weil auch damals der Winter eine ruhige Zeit in der Landwirtschaft war, haben er und die Mathild abgemacht, dass jeder einen Winter lang irgendwohin darf, etwas ausprobieren.

Die Tante Mathild hat dann mal als Schwesternhelferin im Krankenhaus gearbeitet, und einen Winter war sie in der Landfrauenschule. Mein Papa hat ein halbes Jahr lang auf einem Hof in Frankreich gearbeitet, und für ein halbes Jahr war er eben in München.

Das Möbelgeschäft war direkt am Maximiliansplatz, da in der Nähe vom Hotel Bayerischer Hof, wo immer die Promis und die Sicherheitskonferenzen sind. Gewohnt hat er im Kolpingheim in der Goethestraße. Das war so eine Art Wohnheim, mit Gemeinschaftszimmern und Nonnen, die für die Männer, die zum Arbeiten in der Stadt waren, gewaschen und gekocht haben. Sie machten eine gar nicht so schlechte Schwammerlsuppe mit Knödel, sagt mein Papa.

Sein Zimmer teilte er sich mit sechs anderen jungen Männern, aus allen möglichen Ländern. Mit einem Jugoslawen (das Land gab es damals ja noch) hat er sich recht gut verstanden. «Wir haben zwei Alphabete», hätte der immer erzählt, «vier Religionen und fünf Sprachen.» Einmal waren sie zusammen auf dem Starkbierfest am Nockherberg und haben Bier getrunken. Jeder eine Maß, dann hätte mein Papa fast nicht mehr heimgefunden. Alkohol hat er noch nie viel vertragen, sollte man hier vielleicht erwähnen.

Die Geschichte hat er mir ein paar Tage nach der Schnitzeljagdparty erzählt. Da haben wir mal wieder telefoniert. Es ging eigentlich um den Termin für den Notar. Wir wollten ausmachen, wann wir Geschwister wieder alle zu Hause sein könnten, um den Übergabevertrag zu unterschreiben. Das ist ein ganz offizieller Schrieb, den ein Notar aufsetzt, da müssen alle da sein und sich ausweisen und Ding.

Wir haben also ein wenig geratscht und gegrübelt, wann es wohl am besten passen würde, und dann hab ich von Lises Geburtstag erzählt und von den Nachbarn, die Luftballons aufgehängt, und den vielen Ladenbesitzern um uns herum, die Tröten verteilt und Rätselanweisungen gegeben haben, und mein Papa hat gelacht.

«Ist ja wie auf dem Dorf bei euch», sagte er.

Und da hab ich ihn gefragt, ob er sich so was vorstellen könnte, in der Stadt zu leben, und er erzählte aus seiner Münchenzeit.

«Das Leben in der Stadt», sagte mein Papa, «war ned so meins.»

Er fühlt sich da gefangen.

Ein paar Tage oder eine Woche hält er es schon aus. Doch dann will er wieder aufs Feld gehen oder in den Wald.

Aber er fährt gerne rein in die Stadt, wann immer er will. Er mag es, diese Freiheit dazu zu haben.

Für mich ist das genau umgekehrt.

Wann immer ich will, fahr ich aufs Land. Gelebt aber habe ich die letzten zwanzig Jahre nur in großen Städten.

Ich liebe es, dort abends durch die Straßen zu laufen, und hinter so vielen Fenstern brennt noch Licht. Überall da sind Menschen, die an großen Tischen zusammen essen oder vor dem Fernseher tanzen. Und im Sommer, wenn vor allen Kneipen und Restaurants die Leute sitzen und Bier trinken und lachen, und alle paar Meter trifft man einen, den man kennt. Man ratscht dann ein bisschen und zieht weiter.

In der Stadt ist es nie dunkel. Man ist nie allein, aber man hat immer, wenn man es will, seine Ruhe.

In der Stadt zu leben, das ist meine Freiheit.

Da sind wir anders, mein Papa und ich.

Aber wissen Sie was? Das ist nicht mein Punkt hier.

Der ist folgender:

Nachdem mein Papa aus seiner Münchenzeit erzählt hat und ich aus meiner, redeten wir über Frankreich und wie er da Französisch gelernt hatte.

Sein erstes Wort war «béton» gewesen, weil der Hof, auf dem er war, da gerade auf Laufstallhaltung umgestellt hatte, also hat er am ersten Tag bis um elf in der Nacht geholfen, den neuen Stall zu betonieren. Arbeiten konnte er da auch, ohne die Sprache zu verstehen, weil Kia san Kia. Mit der Familie, bei der er zu Gast war, hatte er noch lange Jahre Kontakt, vor zwanzig Jahren ungefähr war er sogar noch mal dort zu Besuch. Geld hat er dafür keines gekriegt, aber das machte ihm nichts aus. Der Bauer hat ihn behandelt wie sein achtes Kind. Und die Zeit in Frankreich, das war eine Bereicherung für ihn, sagt er.

Ich wiederum bin für ein Forschungspraktikum in Paris in einem Labor gewesen und habe Kaulquappenneuronen unter dem Mikroskop untersucht. Und mich in den Straßen auf dem

Weg zur Uni im Quartier Latin öfter mal verlaufen, darum kann ich heute vor allem sehr gut Sätze formulieren, die mit den Worten «Je cherche» beginnen, was – Sie dachten es sich schon – «Ich suche» heißt.

Neben dem Maiszünsler, den Weizenpreisen und den Roggensorten, die mein Papa gut findet, kenne ich jetzt auch die Geschichte, wie damals im Februar, als er in München war, ein Sturm einen Teil vom Dach unseres Hofes abgedeckt hatte. Die Oma hatte im Geschäft angerufen: «Katastrophe», hat sie gesagt, «du musst unbedingt heimkommen.» Und wie er dann fast einen Tag gebraucht hat, um heimzufahren, der Sturm hatte auch Bäume auf die Gleise geschmissen, weswegen er einen Haufen Umwege mit den Zügen machen musste, bis es irgendwann so spät war, dass kein normaler Zug mehr fuhr. Also hat ihn ein Güterzug ein paar Stationen mitgenommen, und die letzten fünf Kilometer ist er gelaufen.

Daheim ist er dann aufs Dach gestiegen und hat es wieder eingedeckt.

Ich weiß auch, dass er und seine Schwestern immer, wenn sie mal nicht landwirtschaften mussten, schnell zusammen zum Fluss gelaufen und da reingehüpft sind. Und dass ihnen da einmal eine Kuh, auf die sie aufpassen hätten müssen, ins Wasser gefallen ist. Die haben sie nur mit ein paar Erwachsenen, viel Aufwand und einem Seil wieder rausgekriegt. Und ich kenne die Geschichte, wie er einmal an einem Sonntagabend acht Mädchen und Jungs im VW Käfer zum Landjugendtanz mitgenommen hat.

Ich weiß, dass er, wenn er solche Sachen erzählt, lächelt und sagt: «Des war a Mordsgaudi.»

Und auch, wie sehr es ihn wurmt, wenn ihm mal etwas schiefgeht. Weil er mir dann gleich schreibt. Wie vor ein paar Wochen, als er mit dem blauen Bulldog vom Georg gepflügt und dabei versehentlich die Heckscheibe offen gelassen und dann den Pflug aufgehoben hat, und ein Hebel vom Pflug hat dann die Heckscheibe zertrümmert. Er hat dann trotzdem weitergearbeitet. Am nächsten Tag ist der Bulldog dann nicht mehr angesprungen, und es hat wieder einen Tag gedauert, bis ein Mechaniker gekommen ist und den Fehler gefunden hat (irgendwas mit der Batterie), und erst dann konnte er schnell, schnell, bevor der Regen kam, weitermachen. Das hat alles gerade noch rechtzeitig geklappt, aber es hat ihn echt beschäftigt.

Und mein Papa weiß, wie ich manchmal damit hadere, dass meine Kinder so anders aufwachsen als ich damals. Aber er findet unsere Kita super und überhaupt, dass es so was Tolles jetzt für Kinder gibt.

Und er weiß auch, dass ich manchmal, wenn er mir was erzählt, mit meinen Gedanken abschweife und dass er dann kurz nichts mehr von mir hört. Am Anfang hat er dann noch gefragt: «Bist du no dro?» Inzwischen wartet er einfach, ganz leise, bis ich zurück bin. Und dann gehts weiter.

Jetzt wird geerntet!

Irgendwann, so ab Mitte Juli, wurde es unruhiger auf dem Hof. Alle paar Minuten rauschten riesige Bulldogs (Reifen so groß wie ich) mit noch größeren Anhängern an den hölzernen Zäunen vorbei, sie starteten mit Nääää und ratterten mit Rumrumrum durch, so laut, dass die Tassen und Teller vibrierten, wenn man gerade unter dem Apfelbaum einen Kaffee trank.

Und auch mein Papa wurde, na ja, ein bisschen ruhelos.

Morgens war er immer schon um acht mit Tee und Frischkäsebrot fertig, dann ist er schnell zum Computer gelaufen und hat seine Wetterseiten aufgemacht, dann ist er zur Haustür raus, dieses Regenmesserdings auskippen, das ein bisschen aussieht wie eine umgedrehte Plastikvase, die sich zwischen den Blumen von der Mama versteckt (in dieses Plastikgefäß tropft es rein, und so weiß der Papa, wie viel es über Nacht geregnet hat), danach verschwand er immer mit dem Smart und kam wieder und verschwand wieder.

«Was ist denn los?», fragte ich ihn einmal, als er gerade von der Garage hinten ins Haus reingekommen war. Er saß auf der Treppe im Gang, zog seine braunen Arbeitsschuhe aus und schlüpfte in die Pantoffeln.

«Was los ist?»

«Na, wo bistn du so unterwegs?»

«Jetzt war i grad im Feld draußen und hab gschaut. Aber, na ja, des seh i scho von der Weitn, dass da no nix geht.»

«Ernten meinst du?»

Mein Papa nickte nur im Aufstehen und ging schon weiter Richtung Arbeitszimmer.

«Warum gehts no ned?», fragte ich ihm hinterher. Er aber nur: «I muas schnell telefoniern.»

Ich sags ja, ruhelos.

Bevor er aber den Hörer abhob, rief er mir noch zu: «I fahr nach dem Essen noch mal naus, da kommst mid.»

«Jawoll», sagte ich, und dann hing der Papa schon wieder mit irgendwem am Telefon, womöglich mit dem Georg.

Am Nachmittag also wieder ab in den Smart und naus zum Feld. Der Weizen sah für mich schon recht fertig aus, goldgelb und gerade, mit nur noch wenigen grünlichen, langen Blättern dazwischen streckte er sich in den Himmel. Also bis zu meinem Bauch.

Ich stand am Rand und stemmte die Arme in die Hüfte. «Was steht an?»

Mein Papa haute den Kofferraum zu und kam mit einer kleinen durchsichtigen Plastiktüte auf mich zu.

«Oiso, i dad jetzt mal messen lassen. Des heißt, wir brauchen a paar Keandl und bringen die zum Raiffeisen. Dann schau ma, wie die Feuchtigkeit is. Heißt: Keandl sammeln.»

Und er zeigte mir wie: Beim Weizen von da, wo die Keandl – also die Körner – beginnen, nach oben streifen, möglichst fest, dass viele hängen bleiben, so ein bisschen, wie wenn man versucht, alle Johannisbeeren auf einmal von einem Stiel runterzuziehen. Na, das hilft Ihnen jetzt womöglich auch nicht weiter. Vielleicht eher so, wie von einem Flieder alle Blümchen gleichzeitig abzuratschen, brrrrt. Und dann die gewonnenen Körner in eine Handfläche legen und mit den Fingern der anderen Hand die Hüllen runterreiben. Dieser Vorgang, lernte ich da, heißt bei meinem Papa «Ausriebeln».

Die möglichst nackerten Körner müssen dann in die Tüte geschmissen werden.

Ich stapfte also mit Mamas Gummistiefeln durchs Feld und zog und rieb und schmiss, bis der Papa sagte: «Jetzt langts scho.» Dann stapfte ich wieder raus. Dem Papa seiner Sämaschine sei Dank gab es ja immer so eine Straße zwischen jeder Halmreihe, durch die man wunderbar laufen konnte. Am Feldweg angekommen stampfte ich den Matsch von den Stiefeln.

«Daran sigst, dass des Ernten no ned geht», sagte der Papa.

«Woran?»

«Deine Schuh san dreckad. Also matschig-dreckad. Der Boden ist also eigentlich no zu nass. Da sind die Halme dann von unten her noch feucht. Und die Pflanze läuft ja als Ganzes durch den Mähdrescher durch, dann werden die Keandl a wieder nass.»

«Ach so, warum messma dann?»

«Des kann sich ganz schnell ändern. Wenn da mal einen Tag oder zwei gscheid die Sonne draufscheint, dann ist der Boden schnell drucka. Und der Woaz is bestimmt scho reif.»

Er nahm eines der Körner zwischen die Finger, biss drauf und kaute. Da machte ich gleich mit. Hui, das war lustig. Also nicht das Kauen selbst, der Weizen schmeckte wie, na so wie fertig angerührter Pizzateig, das war es ja letztlich auch. Also nicht sonderlich lecker, aber die Kauerei selber war lustig. Ich kam mir vor wie so ein Weinprobierer, der einen Schluck gurgelt, dann in einen silbernen Eimer speibt und sagt: «Volles Bukett, am Gaumen dunkle Schokolade, langer Abgang.» Oder so was. Ich schmeckte noch mal tief in mich hinein (immer noch mehr so Mehlwasserpampe) und lugte zu meinem Papa rüber, ob er das Korn wieder ausspuckte. Es sah nicht so aus, also schluckte ich auch die Pampe runter. Und um es mit den Worten meiner Kinder zu sagen: Bäh.

«So schmeckt also fertiger Weizen.»

«Na ja», sagte der Papa. «Kannt scho reif sei. Und letztes Jahr hamma um die Zeit scho geerntet. Also dann, am 1. August, hamma letztlich geerntet ...»

Ohh ja, letztes Jahr. Jetzt fiel mir das wieder ein. Da lief es ja nicht so gut mit dem Ernten. Also nicht schlimm, aber so, dass mein Papa heute sagt: «Des war mir scho zwider.»

Es war nämlich so: An einem Tag Ende Juli 2020 ist der Papa auch so wie heute ins Feld nausgefahren und hat Körner ausgeriebelt und dann seine gefüllten Tütchen zum Raiffeisen gebracht. Das macht er manchmal vier, fünf Mal in einer Erntezeit, weiß ich inzwischen. Zum Feld nausfahren und schaun, wie der Boden ausschaut und das Getreide, sowieso jeden Tag, darum verschwindet er auch immer wieder plötzlich. Jedenfalls, die beim Raiffeisen haben damals die Feuchtigkeit in den Tütchen gemessen – genau 14. Wie wir inzwischen wissen, ist das ein Wahnsinnswert. Die Sonne schien, und der Papa dachte, wunderbar, legen wir los. Also hat er gleich den Oberhofer angerufen, und der kam noch am Nachmittag mit seinem riesigen Mähdrescher an und hat seinen Nachbarn mitgebracht, mit einem Bulldog und einem Anhänger, weil das ganze gedroschene Getreide musste ja irgendwie abtransportiert werden. Letztes Jahr aber hat der Oberhofer mit dem Mähdrescher nur einmal der Länge nach raufgemäht und einmal wieder runter, da standen der Papa und der Nachbar noch am Rand und haben gesagt: «Ja schee gehts», weil es sah alles wunderbar aus, aber dann ist er unten bei den beiden stehen geblieben, ist von seinem Mähdrescher heruntergestiegen und hat gesagt: «I glaub, wir müssen aufhören.»

Und dann haben sie miteinander die grüne Klappe am

Mähdrescher geöffnet und in den Tank geschaut, da, wo der Mähdrescher das Getreide zwischenlagert, der Papa hat mit der Hand reingelangt und es auch gemerkt: Die Körner waren noch viel zu feucht. Es fühlte sich an wie gewässerter Getreidebrei, sagt mein Papa, die Körner klebten fast noch aneinander. Gut trockener Weizen würde richtig rieseln wie Haferfleks aus der Packung.

Der Oberhofer hat dann aufgehört und die paar schon gedroschenen Zentner Weizen zum Raiffeisen gefahren, der Papa mit dem Smart hinterher. Die haben dann gemessen: 19 Prozent Feuchte. Das war zu hoch. Viel, viel zu hoch. Und Sie erinnern sich: Wenn dieser Wert zu hoch ist, kann das Getreide schnell wegschimmeln, und das wollen wir nicht. Darum Messlatte: 14.

Beim Raiffeisen haben sie die 80 Zentner vom Papa also in die Trocknung fahren müssen. Das hat ihn einiges an Geld gekostet. Er hat deshalb jetzt nicht draufgezahlt, sondern weniger Gewinn gehabt, also alles nicht so wild, weil Sie wissen ja, mein Papa lebt nicht von der Landwirtschaft, sondern von seiner Rente als ehemaliger bayerischer Beamter, darum würde ich meinen: Zwider war es ihm eher wegen so was wie dieser Ehre. Seither fragt er sich also, ob er vielleicht die Körner zu sehr nur von der Spitze der Ähren runtergezupft hat oder ob er noch mehr in die Mitte vom Feld reinspazieren und da hätte riebeln sollen oder einfach besser hätte schauen müssen oder was weiß ich.

Und jetzt standen wir also wieder hier auf demselben Feld, ein Jahr und eine Erntesaison später – mit einer Tüte Keandl. Ich setzte mich in den Smart, der Papa schob neben mir auf D, und wir rauschten lautlos zum Raiffeisen.

Der Raiffeisenmann in der grünen Arbeiterhose kam uns entgegen und sagte Servus, dann sah er schon das Tütchen in meiner Hand und drehte um zu dem kleinen weißen Tisch in der riesigen Lagerhalle. Dadrauf stand ein Gerät, das nicht nur so groß war wie ein Kofferplattenspieler, sondern auch ein bisschen so aussah. Er ließ sich das Tütchen geben und fuhr mit einem silbernen Becher hinein, bis der voller Körner war, dann drehte er einen durchsichtigen Plastikdeckel drauf und setzte das Ganze auf einen Mixer, gchchchchrrm, da war der Weizen Mehl. Dann kam das Becherdings mit dem Mehl drin auf den Plattenspieler, und der Raiffeisenmann drückte einen weißen Knopf, auf dem «Weizen» stand, das Gerät zählte auf seiner roten Anzeige 30 Sekunden runter, und dann – zack – 15,6.

«Na ja», sagte der Papa.

«Ja, heuer kann ma froh sein um solche Werte», meinte der Raiffeisenmann. «Bei dem Wetter. Aufd Nacht soll es ja schon wieder regnen.»

«Ah was», sagte der Papa. «Ja oiso nachad, danke.» Und da waren wir schon wieder weg.

Daheim verwandelten die Kinder gerade mit winzigen Gießkannen in den Händen und großem Eifer alles, was grün war, in einen See, und ich stellte mich zu meiner Mama und half ihr dabei, Wasser in die großen Plastiktröge zu füllen, aus denen die Kinder immer nachschöpften.

«I glaub, der Papa is a bisserl aufgeregt.»

«Ja, schon. Immer um die Zeit.»

«Aber es geht ja eigentlich für ihn jetzt nicht um die Existenz, oder?»

«Naa», antwortete die Mama. «Aber des ist von früher noch so drin. In unserer Kindheit war das die angespannteste Zeit im Jahr. Da ging es eben schon um die Existenz. Da musste man gut abschätzen können, wann man mit dem Ernten anfängt.»

«Hmm», sagte ich, tunkte eine Gießkanne in einen Trog und reichte sie einem der Kinder.

Am nächsten Tag regnete es in der Früh wieder ein bisschen, und der Papa und ich fuhren zwar raus, um auf den Boden zu schauen und in ein Korn zu beißen, aber messen ließen wir gar nicht. Wir warteten noch einen Tag und schauten und noch einen, und dann mussten wir zurück nach Hamburg, was ich jetzt natürlich besonders blöd fand.

Hannes und ich waren zwar inzwischen recht gut darin, unsere Kinder und die Arbeitslaptops hin und her zu verlagern, aber dieses Mal waren wir dann doch schon seit drei Wochen in Bayern, und die Kinder mussten dringend wieder in die Kitas und wir in die Büros.

An einem der ersten Augusttage trugen wir also die schlafenden Kinder in Hamburg in ihre Betten, räumten die Klamotten in die Schränke, wuschen und staubten Schuhe aus, aber ich muss sagen, ich war jetzt auch ein bisschen unruhig. Der Weizen stand da ja immer noch auf dem Feld, und irgendwann würde er anfangen zu keimen, und dann wäre er hin. Es wurde also schon langsam Zeit ...

Mein Papa und ich hatten zwar die letzten Monate so viel telefoniert wie meine beste Freundin und ich noch nie in meinem Leben, aber der August toppte dann noch mal alles. Ich rief jeden Mittag an, 12.30 Uhr nach dem Mittagessen war immer eine gute Zeit, weil da hatte der Papa schon geschaut und gemessen und gegessen, oder ich schickte eine kurze Nachricht: *Und, wie ist das Wetter? Bei uns regnet es.*

Es zog sich und zog sich. Und ich fing auch schon an, Wetterseiten zu öffnen – donnerwetter.de kann ich empfehlen, und die Warnwetterapp vom DWD.

Am 9. August erzählte mein Papa in einem 12-Uhr-30-Gespräch, dass der Boden immer noch nass sei. Er wäre aber trotzdem grad beim Raiffeisen gewesen, 14,9, das sei schon gut, aber da hätte er noch ein paar andere Bauern getroffen. «Jeder geht grad naus und schaut und sagt: ‹Geht no ned.› Ein paar Tage muss noch die Sonne scheinen», sagte er. Aber jetzt zeigten seine Internetseiten nur noch Sonnenschein an für die nächsten Tage, also wär er recht zuversichtlich. Er hat schon mit dem Oberhofer geredet, der mit dem großen Mähdrescher auch heuer wieder für ihn dreschen würde, und mit ihm besprochen, wie es laufen soll.

Bisher nämlich hatte mein Papa sein Getreide direkt an den Raiffeisen verkauft. Da ist er selber oder der Oberhofer mit dem Bulldog und einem Anhänger voller Weizen oder Roggen auf diese große graue Waage in der Mitte vom Lager gefahren, dann ist ein Raiffeisenmann mit einer Leiter hochgeklettert und hat ein paarmal eine Stange reingesteckt und ein paar Körner vom Getreide rausgenommen. Daraus machte er dann eine Rückstellprobe, und er maß noch mal den Wassergehalt. Wenn dieser von ihm gemessene Wasserwert passte, dann durfte der Papa das Ganze in so ein Gitter im Boden kippen, wo ein Förderband darunter das Getreide dann in die entsprechende Box beim Raiffeisen beförderte. Da wurde es gelagert, bis der Raiffeisen es weiterverkaufte, an eine Mühle zum Beispiel oder direkt an einen Bauern als Futter für seine Viecher.

In diesem Jahr aber kauft der Oberhofer den Weizen vom Papa direkt selber. «Der hat ja an Haufen Sau», sagte der Papa, «die fressen das.» Und der Oberhofer hat auch so eine geeichte Waage, die automatisch ein Protokoll schreibt. Der nimmt genauso Proben und das alles, und von dem kriegt er dann wie vom Raiffeisen einen Lieferschein, wo der Ertrag draufsteht und Ding. Im September bezahlt er den Papa. Dann nämlich legt der Raiffeisen fest, was er in dem Jahr für den

Weizen bezahlt, und ausgemacht ist, dass der Oberhofer dem Papa denselben Preis pro 100 Kilo gibt, plus 50 Cent.

Das ist eine Win-win-Situation für alle Beteiligten, weil der Papa kriegt ja eben die 50 Cent mehr, und der Oberhofer zahlt trotzdem 1,50 Euro weniger, als wenn er den Futterweizen beim Raiffeisen kaufen würde. Der Raiffeisen würde das Geld draufschlagen, schließlich haben die auch Kosten für den herumlagernden Weizen, die müssen die Boxen sauber halten und belüften und schauen, dass keine Käfer reinkommen, müssen eine Feuerversicherung bezahlen und die Kühlung und die Raiffeisenmänner, die aufladen und abladen, und, und, und. Sprich: Seine Sachen direkt und ohne Zwischenhändler weiterzuverkaufen = immer besser.

Überhaupt muss ich hier noch mal ganz kurz einen Exkurs in die Preispolitik in der Landwirtschaft machen, weil das ist wahnsinnig interessant.

Landwirte bauen was an, dann ernten sie es, und schließlich verkaufen sie es. Wie viel sie dafür aber kriegen, das ist nicht nur von Jahr zu Jahr unterschiedlich, also vom jeweiligen Ertrag, vom Wetter und vom aktuellen Getreidepreis an der Börse abhängig, sondern es hat auch damit zu tun, wie geschickt einer verhandelt und wie viel Aufwand er betreibt, den bestmöglichen Preis im Jahr abzustauben.

Da gibt es zum einen die bequeme Variante. Dafür fährt man ganz einfach sein Getreide zum Raiffeisen hin und lässt die die Verkauferei übernehmen. Die würden dann irgendwann Ende September anrufen und sagen: «Jetzt könnten wir deinen Woaz für den und den Preis verkaufen», und dann würde man sagen: «Basst», und der Raiffeisen überweist einem das Geld.

Die Version Handbremsenrisiko wäre, wenn man stattdessen sagt: «Warten wir noch a bisserl.» Vielleicht gibt es ein paar Wochen später mehr Geld für den Weizen, weil eine Mühle mehr bezahlt oder weil der Preis an der Börse steigt? Dann könnte man sein Getreide beim Raiffeisen noch liegen lassen und weiter den Markt verfolgen, aber ab Mitte September müsste man dafür Lagergebühren bezahlen, 50 Cent pro 100 Kilo pro Monat plus 19 Prozent Mehrwertsteuer, das muss man sich also schon überlegen, ob sich das lohnt – vielleicht dann, wenn man einen Tipp gekriegt hat oder eine Wahrsagerin in die Kugel geschaut und gesagt hat: «Heuer geht der Weizenpreis noch durch die Decke, wirst sehn.»

Oder man macht gleich voll einen auf Broker und mietet sich selber ein Getreidesilo, lagert seinen Weizen da ein und schaut, was am Markt passiert, und dann – zack – verkaufen, wenn man meint, jetzt werd ich Millionär. Eine Weile haben das der Georg und der Papa und der Joe zusammen gemacht, sie hatten da acht Kammern gemietet. Das ist aber ein Riesenaufwand, weil da muss man dann auch selber schauen, dass die Boxen sauber sind und gut belüftet und dass kein Käfer alles anfrisst oder vollscheißt. Das ist also viel mehr Arbeit, und man ist auch selber verantwortlich, dass alles das funktioniert und den Hygieneauflagen entspricht. Darum hat sich das für die drei dann auch schnell wieder aufgehört, aber vor allem deswegen, weil der Oberhofer gesagt hat, dass er das Getreide kauft. Der Georg hat nämlich auch ganz einfach noch mal eine andere Rechnung aufgemacht: In der Zeit, wo der Oberhofer das Getreide drischt, es wegfährt und sich kümmert, fahr ich Landschaftspflege und verdien da mein Geld.

Wer mehr so der auf Sicherheit bedachte Allianztyp ist, der kann auch schon vorab Verträge mit dem Raiffeisen abschließen, mit festgelegten Preisen, aber die macht man in der Regel vor der Saison, und wenn dann die Preise doch durch die Decke gehen, du aber viel weniger kriegst, beißt du dich in den Arsch.

Beim Mais läuft das übrigens wieder ganz anders, den nämlich verkaufen der Papa und der Georg direkt an eine Biogasanlage in der Gegend, von denen gibt es da genug. Und da wiederum heißt es dann: Pokerface. Und das kann der Georg sehr gut. Er kennt alle Bauern in der Gegend, die auch Mais anbauen, und alle Biogasanlagenbetreiber. Und er weiß, wer was wo bezahlt. Er geht also zu dem Betreiber hin, den sie immer beliefern, und sagt: «Die anderen bezahlen aber 30 Euro, also entweder ihr ziehts jetzt mit oder wir liefern an die.» Und wenn das nichts bringt, dann sagt er: «Du kriegst ihn schon, aber dann bau ich im nächsten Jahr Körnermais an», und den kann er dann an den Raiffeisen verkaufen.

Man muss entweder den Geldbeutel aufmachen, sagt der Georg, oder eben den Mund. Er tut sich gerne auch mal mit allen Bauern zusammen, und dann vergleichen sie, bei wem die Lagerhäuser was abziehen, und wenn das nicht einheitlich ist, beschweren sie sich. Und wenn die zu viel für den Dünger verlangen, dann machen sie gemeinsam eine Sammelbestellung bei einem anderen Lagerhaus. Weil verarschen lassen braucht man sich auch nicht, sagt der Georg.

Jedenfalls: Im letzten Jahr hatte mein Papa Roggen angebaut, da hatte er 81 Doppelzentner (also 8100 Kilo) pro Hektar geerntet (das ist sehr gut) und vom Raiffeisen 14,40 Euro pro Doppelzentner bekommen (auch ganz gut).

Aber dieses Jahr wird der Preis womöglich sogar noch besser sein, wegen dem verregneten Sommer und dem blöden Bernd, weil es vermutlich einige Ausfälle in der Ernte geben wird, und so ist das verbleibende Getreide womöglich teurer. Wie würde es wohl bei uns laufen?

Wie gesagt: Noch fuhr keiner naus.

Am 10. August regnete es in der Früh trotz der guten Vorhersage doch wieder ein bisschen. Da hat der Papa gar keine Probe genommen.

«Oh», sagte ich um 12.30 Uhr.

«Ja mei», meinte der Papa, «das Leben ist ein Risiko.»

«Bist du denn froh, wenn er weg ist?»

«Ja schon. Weil dann auch die Sorge weg ist.»

Und dann erzählte auch mein Papa noch mal aus seiner Kindheit und schickte mir alte Schwarz-Weiß-Fotos aufs Handy. Wie er als 14- oder 15-Jähriger mit Pluderhose und Hemd im Feld stand.

«Wir haben damals für einen halben Hektar vier, fünf Erntehelfer und einen ganzen Tag gebraucht», erzählte er. Sie hätten das Getreide mit der Sense abgemäht, aus den Getreidehalmen Bündel gebunden und daraus auf dem Feld so Pyramiden gebaut, die mein Papa «Manderl» nennt. Ein paar Tage lang musste das Getreide nachtrocknen, dann erst konnte man es auf den Wagen laden und damit heimfahren. Damals hat es also zwingend drei schöne Tage hintereinander gebraucht. Vor 200 Jahren hätte ein verregneter Sommer wie dieser womöglich zu einer Hungersnot geführt. Wenn es da einmal noch spät angefangen hat zu regnen, war schnell mal alles hin.

Auch später war das noch ein Problem.

«1976 zum Beispiel, da war es heiß und trocken, und dann hat es auf einmal drei Tage ununterbrochen geregnet, 100 Millimeter. Da hat die Gerste zu keimen angefangen. Da war viel hin», sagte der Papa, «des is scho no drin.»

Aber zum Glück gibt es heute ja den Oberhofer mit seinem Riesenmähdrescher und wenn es mal schnell gehen muss mit dem Ernten, kommt der vorbei und nimmt alles in einer Stunde mit.

Der fängt normal mittags an, um zwölf oder eins, dann

drischt er bis acht oder neun, weil dann kommt der Tau, und der Weizen wird wieder feuchter. Manchmal ist es aber so heiß und trocken, dass er auch in der Nacht fahren kann, dann drischt er 14 Stunden durch. Der Motor braucht ja keine Brotzeit, der Oberhofer schon, aber die nimmt der sich bestimmt mit auf den Mähdrescher.

Am 11. August schrieb der Papa in unsere GbR-Whatsapp-Gruppe: *Hallo, ich habe gerade den Weizen messen lassen, er hat 13,7 Prozent Wasser. Der Zielwert ist 14, also schon okay.*

Meine Geschwister schrieben: *Wann wird gedroschen?* – ich glaub, die waren inzwischen auch im Erntefieber –, und ich rief beim Papa an. «Ja, jetzt hab i grad wieder mit dem Oberhofer telefoniert», sagte der, «und ihm den Wert gesagt. Er kimmt die nächsten Tage.»

«Warum kommt der denn ned glei?»

«Der hat jetzt an Haufa zum Dreschen, seine eigenen Felder, die vom Georg, der fahrt jetzt die ganze Zeit.»

«Aber wenn no a Gewitter kommt und der Woaz steht no draußen?»

«Klar», sagte der Papa, «das wär dann nachteilig. Aber mei, das Leben ist ein Risiko. Jetzt wart ma, bis der Oberhofer kommt.»

Am 13. August schrieb der Papa in die GbR-Gruppe: *Es hat heut Morgen geregnet. Also geht heute nichts mehr mit der Weizenernte.*

Hhhhhhhhhh! Jetzt erschrak ich schon ziemlich. Schließlich war schon Mitte August. Und schon wieder ging nichts mit dem Ernten. Wenn nicht bald was passierte, würde der Weizen keimen, und dann ging gar nichts mehr. Oh, das wär dramatisch. Der ganze schöne Weizen unbrauchbar, die ganze Arbeit für die Katz, und für die Ehre meines Papas – ohoh.

Ich hab sofort angerufen. «Was ist los?»

«Na ja», sagte der Papa, «heut früh hab ich drei Millimeter ausgekippt. Des is ned viel, aber zum Dreschen gehts dann nimma.»

«Aber es war doch gar nix angesagt!»

«Ja mei, in der Landwirtschaft gehts ned imma so, wia ma meint.» Mein Papa sagte das zwar ruhig und leise wie immer, aber er redete ein bisschen schneller, also ich merkte schon, was los war. Bei mir auch. Doch das half jetzt nix. Wir mussten warten.

Am 14. August schrieb der Papa dann mittags in die GbR-Gruppe: *Wir haben heute Morgen den Weizen geerntet. Es war zwar noch nicht ganz trocken, aber der Oberhofer hat viel zu ernten, und so hat er schon um 10 Uhr angefangen. Ertrag: 78,5 Doppelzentner pro Hektar, das ist sehr gut. Der Wassergehalt war 15,9 Prozent.*

«Juhuu!», rief ich ins Telefon. «Endlich! Aber 15,9 ist schon grenzwertig, oder?»

«Ja, eigentlich ist das zu viel, aber es geht grad noch, der Raiffeisen würd ihn so auch nehmen und die 1,9 Prozent vom Gewicht abziehen. Aber der Oberhofer kauft den Woaz ja diesmal selber ab, und wenn das für ihn so geht, is mir des recht.»

Jetzt redete er sehr schnell, aber das war ein gutes Schnell, ein freudiges. Um acht hätte der Oberhofer schon angerufen und gesagt, er komme jetzt. Da ist der Papa schnell naus, hat gemessen und 16 Komma irgendwas rausgekriegt. Da war er nervös und hat den Oberhofer wieder angerufen: «Es geht no ned recht.» Der Oberhofer aber hat gesagt, er käme trotzdem, es ginge nicht anders. Länger könnte er nimmer warten, weil es jetzt jeden Tag ein bisschen regnet. Also ist er zum Feld gefahren und der Papa auch. Der Sohn vom Oberhofer war auch mit einem Bulldog und einem riesengroßen Anhänger dabei, er ist mit seinem grünen Riesenmähdrescher rauf- und runtergefahren und rauf und runter, und nach jeder zweiten Reihe hat er mit einem langen Rohr vom Mähdrescher aus die Weizenkörner in den Wagen hineinbefördert, dann ist er wieder rauf- und runtergefahren und rauf und runter, und nach einer Stunde war alles weg – der Oberhofer und sein Sohn und alle Geräte und der ganze Weizen. Und die Ernte war erledigt. 14 Tage später als im Jahr zuvor. Aber gut war sie, die Ernte, also zumindest vom Ertrag her.

Was wir dafür an Geld bekommen würden, das wusste ja noch keiner.

«Und?», fragte ich. «Wie gehts dir?»

«Gut», sagte der Papa. «Entspannt. Und zufrieden. Schon, ja. Und ich bin froh, dass er weg ist. Bei dem unsicheren Wetter heuer.»

«Was steht jetzt an?»

«Jetzt pflüg ich, und wenn der Boden trocken ist, säe ich gleich danach die Zwischenfrucht an. Senf und Ölrettich. Und dann schau ma, was ma für den Weizen kriegen.»

Epilog

Irgendwann rief mich meine kleine Schwester an und sagte, dass sie gerne auf den Hof unserer Eltern ziehen will. Ob das okay sei. «Krass», sagte ich. Aber je länger ich darüber nachdachte, desto mehr Sinn machte es. Für sie war es nah genug, um trotzdem noch, mit ein bisschen Pendelei, ihren Job in ihrer Firma in Augsburg weitermachen zu können. Ihr Mann ist ja ebenfalls Ingenieur und würde sicher auch in der Nähe was Neues finden, außerdem schraubt er sehr gerne an großen Maschinen herum, und dafür ist auf dem Hof unserer Eltern definitiv mehr Platz als in ihrer kleinen Wohnung in Augsburg.

Wir haben uns recht schnell geeinigt: Johanna sollte das Haus meiner Eltern und nach vorne noch ein Stück vom Hof bekommen, dafür aber mehr oder weniger nichts mehr vom Land. Und die Bulldogs und die ganzen anderen Geräte, die sollte meine Schwester auch kriegen. Weil erstens bleiben sie ja eh da stehen, wo die Johanna dann einmal wohnen wird, und zweitens, aber das ist nur ein heimlicher Grund, kann sich mein Schwager wohl am besten darum kümmern.

Irgendwann Ende 2022 wollen meine Schwester und ihre Familie übersiedeln.

Meine Eltern bauen sich dafür im Erdgeschoss, da, wo früher die Garage und noch früher der Kuhstall war, eine Austraglerwohnung aus, sie haben sogar schon mit dem Umbau angefangen. Den Bereich darüber, das Stockwerk auf dem Weg zur Hopfendarre, haben sie und die Johanna schon ausgeräumt, weil da eine Isolierung draufmuss – und weil der

Raum eine Miniwohnung werden soll. Für Besucher, für uns GbR-Mitglieder, also für die anderen Kinder und Enkel, die immer wieder eine Weile da sind.

Und das sind wir.

Ich schaffe es immer noch, so alle zehn Wochen Kind und Kegel nach Bayern überzusiedeln, und dann kommen auch die anderen GbR-Mitglieder vorbei, und wir grillen und trinken Bier, und die Kinder ziehen zusammen durch den Garten und steigen auf die Bulldogs. Und wir ratschen, aber inzwischen geht es auch oft um den Maiszünsler und um coole neue Getreidesorten. Außerdem treffen wir uns online, alle vier Wochen.

Das letzte Mal haben wir beschlossen, im nächsten Jahr auf dem Feld neben dem Wald nur noch Mais anzubauen und drum herum einen großen Blühstreifen anzulegen. Mit dem werden wir zwar nichts einnehmen (außer vielleicht eine Prämie), aber es ist super für den Boden und ein guter Erosionsschutz, und wir wollten das mal ausprobieren. Im Jahr darauf bauen wir vielleicht Roggen an oder Triticale, oder dann im Frühjahr die Silphie, das entscheiden wir kurz vor der Maisernte, im September 2022. Und danach – mal schaun. Wir sind noch nicht fertig mit dem Lernen. Ich bin es nicht.

Aber 30 Versuche hat man ja als Landwirtin offen, sagt der Georg. Oder 40, je nachdem, wann man in Rente geht.

Am 18. September 2021 stand fest: 21,90 Euro sollten wir für den Doppelzentner Weizen kriegen. Und 33,30 Euro pro Tonne Mais. Das Geld wanderte schon auf unser neues GbR-Konto. Der Papa war sehr zufrieden. Ich auch.

Am 29. Dezember 2021 fuhren der Papa und ich zusammen mit dem Smart zum Notar, Elli, Wolfgang und Johanna kamen auch hin. Wir setzten uns an den Tisch, unterschrieben jeweils den Standardvertrag, den der Notar vorbereitet hatte, und dann ging alles weiter wie vorher. Wir hatten es ja schon ausgemacht.

Seit dem Tag jedenfalls gehören mir ungefähr 5 Hektar der Wiesen, Felder und vom Wald, der Rest teilt sich entsprechend auf die anderen auf. Und meinem Papa gehört mehr oder weniger nichts mehr. Fühlt sich aber ganz gut an, hat er mir bei der Heimfahrt im Auto gesagt. Auch eine Form von Freiheit.

Ich weiß inzwischen, wie man durch ein Maisfeld gehen muss. Arme vor den Kopf und zu einem Dach formen, gerade durch die Reihen schreiten, dann streifen die Blätter an den Händen ab und zerkratzen nicht das Gesicht. Ich weiß, wie man auf ein Weizenkorn beißt, wenn man testen will, ob der Weizen schon reif für die Ernte ist. Mit den spitzen Zähnen vorne, das Korn hochkant. Ich weiß, was ein Doppelzentner ist, nämlich 100 Kilogramm, und auch, dass es für eine bayerische Landwirtin wichtig ist, das zu wissen. Ich hab jetzt ein Abo vom *Landwirtschaftlichen Wochenblatt*. Und die Handynummer vom Georg in meinem Handy eingespeichert. Und ich besitze inzwischen meine eigenen Gummistiefel. Dunkelgrün, 17,99 Euro vom Obi. Andere gab es nicht. Aber sie sind gefüttert.

Durch den Elbtunnel bin ich übrigens auch mal spaziert. Schön da. Echte Ingenieurskunst.

Glossar

Bayern / *Hamburg*

a kloans Sachl / *ein kleiner Bauernhof*
amal / *einmal*
ausriebeln / *die äußere Hülle der Getreidekörner – die Spelzen – abreiben*
Austraglerhaus / *Altenteilerhaus (wo die Bauern nach der Übergabe leben)*
Baatz / *Pampe*
Bulldog / *Trecker oder Traktor*
derweil / *in der Zwischenzeit*
derwischen / *erwischen*
Dirn / *Magd*
Doppelzentner / *100 Kilogramm*
drammhabbad / *verträumt, weil noch nicht ganz wach*
drappen / *treten*
dreckad / *dreckig*
Dreegbatschn / *dreckige Hände*
drucka / *trocken*
fierefohrn / *ein Stück vorwärtsfahren*
flacken / *herumliegen*
fohrt / *fährt*
geklaubt / *gesammelt*
Geraffel / *Gerümpel*
Gifthaferl / *ein aufbrausender Mensch*
Glabberl / *Sandalen*
Glump / *wertloses Zeug*
Grias eich / *Seid gegrüßt*

Hefa / *Topf*

Hehna / *Hühner*

heinga / *Heu machen*

Hektar / *10 000 Quadratmeter*

hoaglig / *wählerisch*

Holzschupfa / *Holzschuppen*

Hopfazupfa / *Saisonarbeiter zur Hopfenernte*

Hosihopp / *Häschen hüpf*

hudeln / *etwas schlampig erledigen*

Is doch ganga / *Es hat ja ganz gut geklappt*

Ja mei ... / *Gut .../Nun ... (ähnlich dem englischen «Well» oder dem französischen «Alors»)*

Kanapee / *Sofa*

Keandl / *Getreidekörner*

Kia / *Kühe*

Klabims / *Zeug*

kriang / *kriegen*

Madl / *Deern oder Mädchen*

Metzen / *ein Volumenmaß unterschiedlicher Größe, in Bayern für den Hopfen 60 Liter*

nackert / *nackt*

naus / *hinaus, raus*

neine / *neun*

oiso / *also*

oiso nachad / *also dann*

Pfiat di / *Tschüss*

riebeln / *reiben*

Schemel / *Hocker*

Schmarrn / *Quatsch*

Schwammerl / *Pilz*

sonst rappelts / *sonst bekommst du Ärger*

speiben / *spucken*

Springinggerl / *ein unruhiger, lebhafter Mensch*

Staberl / *Stäbchen*

Stadl / *Scheune*

von der Weitn / *aus der Ferne*

wegduad / *weggeben oder schlachten*

Windradl / *Windrad*

Wisch / *Dokument*

Woaz / *Weizen*

zamgefressen / *aufgefressen*

Zentner / *50 Kilogramm*

Zieferl / *eine schwächliche Person*

zwider / *zuwider*

Geräteglossar

Traktor – Ein kräftiges Fahrzeug mit großen Reifen, gedacht zum Ziehen schwerer Lasten; trahere kommt aus dem Lateinischen und heißt schleppen oder ziehen (auch genannt: Bulldog, Schlepper oder Trecker).

Güllefass mit Schleppschuh – Ein Traktoranhänger, der aussieht wie ein Fass auf Rädern mit riesigem Kamm hintendran. Das sind Schläuche, die nebeneinander bis zum Boden gehen. Am Ende von jedem Schlauch hängt ein Gummiding – der Schleppschuh. Er sorgt dafür, dass die Gülle direkt in der Erde landet.

Kreiselegge – Wird an einen Traktor angekoppelt und sieht wiederum aus wie eine riesige Bürste. Die Stahlzinken daran rotieren und lockern so den Boden, als Vorbereitung auf die Sämaschine.

Häufelpflug – Mehr so ein historisches Gerät. Mit dem wurden früher die Saatkartoffeln auf dem Feld mit Erde zugedeckt.

Pflug – Das sieht jetzt wieder aus, als würden ein paar spitze Schaufeln an einem Eisenstab Spalier stehen. Ist auch hinten am Bulldog angedockt, gräbt den Boden um und lockert ihn.

Mähdrescher – Mäht das reife Getreide ab, trennt die Körner von den Halmen, sammelt alles in einem großen Tank und zerhäckselt dabei noch das ausgedroschene Stroh.

Holzspalter – Steht am Boden und spaltet ein großes Holzstück in zwei kleine. Quasi Axtersatz.

Spritzmaschine – Wieder ein Anhänger für den Bulldog, ein großes Plastikfass mit einem nach links und rechts ausfahrbaren Arm, wo aus vielen kleinen Düsen das Spritzmittel herausduscht.

Sämaschine – Dieses Gerät wird hinter der Kreiselegge am Bulldog angekoppelt und sieht aus wie ein großer Metalltrichter mit vielen Schläuchen und dicken Rollen dran. Hier machen sich drehende Scheiben feine Rillen in die Erde, darein wirft die Maschine (durch die Schläuche) die Samen, danach schieben dicke Rollen direkt Erde drauf.

Kreiseldüngerstreuer – Noch so ein Anbaugerät für den Bulldog. Er schmeißt Düngekörner mit einem Kreisel, an dem Wurfschaufeln dran sind, auf das Feld. So wird der Dünger gleichmäßig verteilt.

Metrac – Quasi ein Traktor extra für steiles Gelände. Sieht aus wie ein Golfwagen mit dicken Reifen und vornedran dem entsprechenden Aufsatz (zum Beispiel einem, der Gras mäht).

Danke

Als Erstes muss hier Sascha Chaimowicz stehen, weil er im Herbst 2020, als ich ihm bei einem Telefonat von den Plänen meines Vaters erzählte, zu mir gesagt hat: «Mach da doch ein Buch daraus.»

Meiner Agentin Gila Keplin danke ich dafür, dass sie ihm ein paar Tage später recht gab und ein paar Wochen später meine gebündelten Ideen dem Rowohlt Verlag schrieb. Und für eine inzwischen seit vielen Jahren währende Freundschaft. (Wittenberge, wir kommen wieder!)

Susanne Frank danke ich für viele gute Ideen und etliche schöne Gespräche am Telefon, und überhaupt für ein großartiges Lektorat und den Glauben an dieses Projekt.

Katrin Hörnlein und Moritz Müller-Wirth von der ZEIT, die mir 2021 die Auszeit zum Landwirtschaften und zum Schreiben ermöglicht haben.

Den Corona-Testzentren am Hamburger Flughafen und an der Eimsbütteler Chaussee – ohne sie wäre es in Zeiten dieser blöden Pandemie nicht gegangen, ständig vier bis fünf Menschen von Hamburg nach Bayern zu verschiffen.

Den Betreibern der Brücke 10 an den Landungsbrücken für unendlich viel Kaffee und Fischbrötchen, mit deren Hilfe ich einen Großteil des Buchs auf deren Terrasse (mit Blick auf die Elbe!) schreiben konnte.

Thomas Dashuber dafür, dass er meinem Papa beim Fototermin im Juli 2021 auf dem Hof eine Mistgabel in die Hand gedrückt hat und dazu ein Handybild von diesem Kunstwerk namens American Gothic und dann, unser Gemurre ignorierend – «Also gut, wenn der meint. Aber des wird bestimmt nix»–, einfach draufdrückte.

Meinen Geschwistern Elli, Wolfgang und Johanna fürs gemeinsame Graben in Erinnerungen inklusive dem Imitieren von Mähmaschinen in Sprachnachrichten («Drrr-drrr-drr-drr-drr»). Und dafür, dass wir am Ende immer zusammenhalten.

Dem Georg fürs geduldige Fragenbeantworten und Zuschauenlassen, für all das Wissen über Ökologie und Landwirtschaft und dafür, dass du all das mit dem Papa machst, und mit uns.

Meiner besten Freundin Sonja, dafür, dass sie als erster Mensch das fertige Buch gelesen hat, weil kaum jemandes Meinung so viel zählt. Für alle, die auch «Drei Bier auf die Vier» gelesen haben: Der Klinglwirt hat gerade Zehnjähriges gefeiert! Wahnsinn, oder?

Luise Strothmann, der zweite Mensch, der dieses Buch gelesen hat, für all ihr Wissen über die Landwirtschaft und die daraus resultierenden wertvollen Hinweise. («So klingt keine Spritzmaschine!»)

Sarina, dafür, dass sie weit mehr ist als eine Babysitterin für unsere Kinder, sie ist die Säule in unserer Familie, die solche Projekte überhaupt erst möglich macht.

Jenny, Jens, Stef, Claudio, Hannah, Katrin, Tine, Si-Hong, Judith, Martina, DC, meiner Sunday-digital-Dinner-Crew, meinen Hausmitbewohnern Anne, Wilke, Julia, Silvio – es ist ein Segen, solche Freunde zu haben. Ohne euch würde gar nichts gehen.

Meinen Kindern, dafür, dass sie da sind. Auch wenn ich sie manchmal gerne versehentlich auf dem Bulldog vergessen würde (wenn sie sich wieder die Schnuller an die Köpfe schmeißen). Aber wenn sie einen nur einmal anlächeln...

Johannes, für tausendmal «Das machst du schon richtig so» und «Das wird super», fürs Kranke-Kinder-Hüten damit ich schreiben kann, und dafür, dass er seit fast zehn Jahren viel mehr als nur mein Mann ist. Wir steuern gemeinsam durch den Wahnsinn – mit niemandem würde ich das lieber als mit dir.

Meiner Mama, fürs Kochen und Bettenbeziehen und wieder Kochen, fürs mit den Kindern Gießen und Backen und Zucchini-Ernten und Hühner-Füttern und dafür, dass du vier Kinder großgekriegt hast. Das hört sich jetzt vielleicht so lala an, aber ich weiß es heute ganz sicher: Dafür gebührt dir eigentlich der Nobelpreis.

Und meinem Papa – dafür, dass du mit mir zusammen dieses Buch ausgetüftelt hast, von der ersten Idee bis zum letzten Wort, und mir wieder und wieder mit unglaublicher Geduld alles erklärt hast. Dass du uns (mir) dein Land übergeben hast mit all dem Vertrauen und der Zuversicht, die es dafür braucht. Dafür, dass du uns allen eine Heimat gegeben hast. Weil das ist nicht das Land. Das bist du.